听李毓佩教授讲数学故事

哪吒智斗红孩儿

李毓佩◎著

广州新华出版发行集团
广州出版社
广东大音音像出版社
Guangdong Dayin Audio-Visual Publishing House

图书在版编目（CIP）数据

听李毓佩教授讲数学故事 . 哪吒智斗红孩儿 / 李毓佩著 . — 广州：广州出版社，2019.4
ISBN 978-7-5462-2898-3

Ⅰ . ①听… Ⅱ . ①李… Ⅲ . ①数学—少儿读物 Ⅳ . ① O1-49

中国版本图书馆 CIP 数据核字（2019）第 044936 号

书　　名　听李毓佩教授讲数学故事・哪吒智斗红孩儿
Ting Li Yupei Jiaoshou Jiang Shuxue Gushi Nezha Zhidou Honghai'er
出版发行　广州出版社
（地址：广州市天河区天润路 87 号 9 楼、10 楼
邮政编码：510635　网址：www.gzcbs.com.cn）
广东大音音像出版社
（地址：广州市荔湾区百花路 10 号花地商业中心西塔 1106
邮政编码：510375　网址：www.gddy020.com）
责任编辑　区力文　高圭荣
责任校对　黄焕姗　高靖雯
责任美编　杨诗韵
封面设计　彭嘉瑜
内文插图　木头点不着
责任技编　陈柏琪
印刷单位　广东信源彩色印务有限公司
（地址：广州市番禺区南村镇东兴工业园　邮政编码：511442
电话：020-31035510）
规　　格　880 mm × 1230 mm　　开　　本　1/32
印　　张　4.75　　字　　数　80 千
版　　次　2019 年 4 月第 1 版
印　　次　2019 年 4 月第 1 次
书　　号　ISBN 978-7-5462-2898-3
定　　价　25.00 元

前言

随着科学技术的不断发展，科学知识传播的形式也在不断改变。尤其是最近兴起的网上听书平台，由于随时都可以收听，非常方便，很受读者欢迎。

我为青少年读者编写的数学科普读物，四十多年来，一直非常受小读者的欢迎。读我的书，不仅可以看故事，还可以学习数学的思维方法，学习如何运用数学的方法，简单而又快速地解决问题。

学数学不仅仅是学习计算方法，更重要的是学习数学的思维。数学思维使人思维简洁，办事高效，某种程度上，可以说比计算方法更为重要。让更多人掌握数学思维，是我的目标。

我相信，带有音频的这一套书，可以给更多的读者提供听故事学数学的可能。它不受限于时间和地点，使用方便，便于自学。我回忆起小时候，每每听电台里播放的评书连播，听得都十分入神。本书的故事都是请专业人士来演播的，我想一定会像过去评书节目吸引我一样，深深吸引你的。

李毓佩

2018年10月于北京

目录

哪吒智斗红孩儿

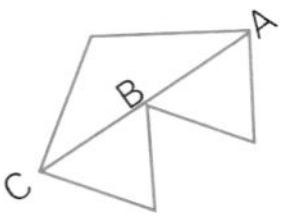

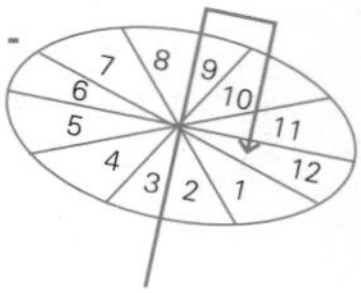

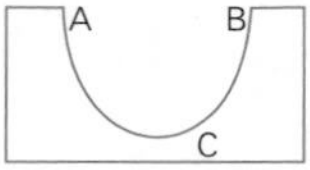

猪八戒新传

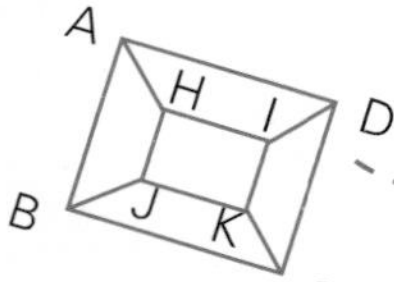

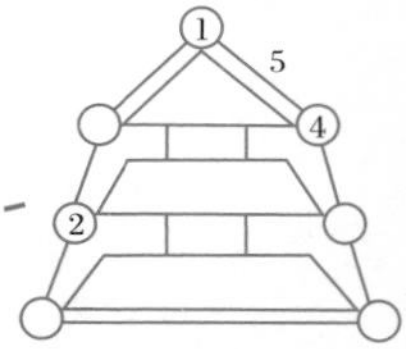

哪吒智斗红孩儿

哪吒出征

一日，托塔天王李靖正在操练天兵天将，忽然探子来报，说在枯松涧火云洞住着一伙妖精，残害百姓。

李天王听罢大怒：“朗朗乾坤，怎能容妖怪横行！我要出兵讨伐妖孽，何人愿做先锋官？”

李天王话音未落，下面站出三员大将同时抱拳说：“儿愿打头阵！”天王定睛一看，原来是自己的三个儿子：金吒、木吒和哪吒。

见三个儿子争当先锋官，李天王甚感为难。李天王稍一犹疑，只听下面又有多人请战：“我愿做先锋官！”原来是巨灵神、大力金刚、鱼肚将、药叉将等众位天将。

李天王摇摇头说：“这可怎么办？先锋官只有一个人，你们都想当，我如何定夺？”

话音刚落，巨灵神站出来说：“大家来比比个子高矮，身高自然力不亏，选个儿高的当先锋官是最佳选择。”

大力金刚却说："比身高不如直接比力气，力气大者，当先锋官！"

"诸位安静。"大家一看，说话的是李天王的三太子哪吒。哪吒笑着说："我刚才数了一下，出来争当先锋官的共有31人。我建议这31人排成一横排，自己找位置站好。"

巨灵神问："三太子，你这玩的是什么把戏？"

哪吒继续说："31人站好之后，从左到右1、2、3报数，凡是报到3的留下来，其他的淘汰。留下的人再1、2、3报数，把报3的留下来，其余的淘汰。这样报下去，最后剩下的一个，就是先锋官。"

李天王点点头："好！就这么办！"

巨灵神抢到了第3号位置，乐呵呵地说："我报3，我不会被淘汰。"

金吒飞快地跑到第6号位置，木吒想了想站到了第9号位置，而哪吒呢，毫不犹疑地站到了第27号位置。

报数开始，第一轮过后，剩下了10个人，巨灵神、金吒、木吒、哪吒都留下了。此时巨灵神变成了1号位置，金吒变成了2号位置，木吒变成了3号，而哪吒变成了9号。

第二轮报数过后，剩下了3个人。巨灵神和金吒被淘汰，

当先锋官，重要的是要有头脑！
27
9
6
3

木吒变成了1号，哪吒变成3号。第三轮过后，只剩下了哪吒一人。哪吒拿到了先锋官的令旗。

木吒很纳闷，小声地问哪吒："你选择27号，为什么就会留到最后？"

哪吒神秘地一笑，耳语道："从1到31，因数只含3的数有三个，即3、9、27。$3=3\times1$，$9=3\times3$，$27=3\times3\times3$。而每次报数等于用3去除这个数，留下能整除的。27含有三个3，用3除它三次，还得1呢！"

哪吒说完，令旗一挥："发兵火云洞！"

名师在线

报数离开

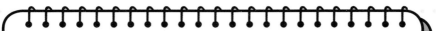

报数离开问题涉及分解质因数。可以用列举法找出其中的规律。

例如，有 100 个人排成一排，从左往右 1、2、3 报数，凡报 3 的留下，其余的离开。第二次重复前面的步骤。依次下去，最后离开的人在开始时是从左往右的第几个人呢？

将 100 个人编号，从左至右 1、2、3 报数，第一次留下的是 3、6、9……99 号，第二次留下的是 9、18、27……99 号。由此可以发现，第一次留下的是 3 的倍数，第二次留下的是 3×3 的倍数。因此，1~100 中，编号含因数 3 最多的人就是最后离开的人。81 = 3×3×3×3，含因数 3 最多，所以第 81 个人是最后离开的人。

试一试 100 个同学排成一排，从左到右 1、2 报数，报 1 的同学离开，剩下的同学再 1、2 报数。如此继续下去，最后剩下的是开始时从左到右的第几个同学？

分析 通过列举法，发现第一次报数后，留下的是 2 的倍数，第二次报数后，留下的是 2×2 的倍数。1~100 中，64 = 2×2×2×2×2×2，含因数 2 最多，所以最后剩下的是第 64 个同学。

答案 最后剩下的是开始时从左到右的第 64 个同学。

不和傻子斗

话说哪吒脚踏风火双轮，肩头斜背乾坤圈，率领众天兵天将直奔枯松涧火云洞。来到洞口，见大门紧闭，门上贴有一张告示，上面写着：

哪吒小子听着：

我圣婴大王从不和傻子斗，要想和我过招，先要做出下面的题，看看你是不是傻子。不是傻子，再和我交手。

在四个2之间添加适当的数学符号＋、－、×、÷，使它们的结果分别等于1、2、3、4：

2　2　2　2＝1　　　　2　2　2　2＝2

2　2　2　2＝3　　　　2　2　2　2＝4

圣婴大王　红孩儿

哪吒看完告示，气得七窍生烟，哇哇乱叫。他摘下乾坤圈就要向洞门砸去，二哥木吒赶忙拦住。

木吒说："三弟息怒，傻子斗气，聪明人斗智。前些年我和红孩儿打过交道，他聪明过人，不可小看。另外，如此简单的问题，不妨给他做出来，以显我天兵天将的大度。"

"也好！"哪吒说罢略一思索，很快给四个等式添上了数学符号：

$$(2\div2)\times(2\div2)=1$$

$$2\div2+2\div2=2$$

$$(2+2+2)\div2=3$$

$$(2\div2)\times(2+2)=4$$

哪吒刚刚填完，只听"轰隆隆"一阵巨响，火云洞洞门大开，从洞里蹿（cuān）出六个怪物。他们是红孩儿的六大健将，分别叫作云里雾、雾里云、急如火、快如风、兴烘掀、掀烘兴。他们一个个龇牙咧嘴，大喊："哇！又来送好吃的了。"

六大健将分左右两边刚刚站好，红孩儿就带着狂风从洞里冲了出来。只见他上身赤裸，不穿盔甲战袍，只在腰间束了一条锦绣战裙，光着双脚，手中拿着一杆一丈八尺长的火尖枪。

火云洞
火
雾
云
风

巨
力

红孩儿脑袋一晃，大声喝道：“什么人来送死?”

哪吒指着红孩儿说：“大胆妖孽，竟敢无视天庭，独霸一方，鱼肉百姓！今日天兵天将到此，还不快快跪倒投降！”

红孩儿嘿嘿一阵冷笑：“口气不小！想让我投降，你得问问我手中的火尖枪答不答应！看枪！”说完便一枪刺过来。

哪吒手舞乾坤圈，和红孩儿战到了一起。只见红孩儿把一杆火尖枪使得密不透风，哪吒抡起乾坤圈更是圈套圈连成一体，不见哪吒身影。好一场大战！两个人从日出一直战到日落，硬是分不出高下。

红孩儿见一时分不出胜负，便虚晃一枪，说：“今日天色已晚，且留你多活一夜，明日再和你大战三百回合！”说完掉头回洞。“咣当”一声，洞门关闭了。

名师在线

添运算符号

在下面各题中添上＋、－、×、÷、（　），使等式成立。

1 2 3 4 5 = 10　　　1 2 3 4 5 = 10

1 2 3 4 5 = 10　　　1 2 3 4 5 = 10

我们从结果是10、最后一个数是5入手，可以分下面几种情况考虑：□＋5＝10，□－5＝10，□×5＝10，□÷5＝10。

（1）从□＋5＝10考虑，□＝5，算式有：（1＋2）÷3＋4＋5＝10；（1＋2）×3－4＋5＝10。

（2）从□－5＝10考虑，□＝15，算式有：1＋2＋3×4－5＝10。

（3）从□×5＝10考虑，□＝2，算式有：（1×2×3－4）×5＝10；（1＋2＋3－4）×5＝10。

（4）从□÷5＝10考虑，□＝50，没有可成立的算式。

因此，本题答案是：

（1＋2）÷3＋4＋5＝10

（1＋2）×3－4＋5＝10

1＋2＋3×4－5＝10

（1×2×3－4）×5＝10

（1＋2＋3－4）×5＝10

秒变三头六臂

第二天一大早，哪吒就来到火云洞前叫阵：“小小红孩儿，快快出来受死！”

只听“哗啦”一声，洞门大开，红孩儿带着六大健将和众小妖杀了出来。

哪吒和红孩儿见面，分外眼红，两个人也不搭话，各挺兵器杀在了一起。你来我往，足有一个时辰，仍不见高下。

突然，哪吒大喊一声：“变！”只见他身子一晃，立刻变成了三头六臂。六只手分别拿着六件兵器：斩妖剑、砍妖刀、缚妖索、降妖杵、绣球儿、火轮儿。

哪吒叫道：“接着！”六件兵器一起向红孩儿打去。红孩儿立刻慌了手脚，他的火尖枪顾东顾不了西，顾上顾不了下，忙乱之中红孩儿的后背被降妖杵狠狠地打了一杵。

“哇呀呀！”红孩儿疼得大叫一声，跳出了圈外，随即把手一挥：“上！”只见云里雾、雾里云、急如火、快如风、兴烘掀、掀烘兴六大健将一齐冲了上去。他们每人对付哪吒的一件兵器，就这样，哪吒一对六，“叮叮当当”地打在了一起。

突然，哪吒喊了一声：“变！”六只手拿的兵器换了一个次序，云里雾本来对付的是斩妖剑，瞬间却变成了砍妖刀。云里雾大声叫道：“哇！对付剑的招数和对付刀的招数不一样啊！”话声未落，云里雾的大腿就被砍妖刀砍了一刀。那边厢，急如火的胳膊被斩妖剑刺了一剑。

没等六大健将回过神来，哪吒又喊了一声：“变！”六只

手拿的兵器又换了一个次序，云里雾要对付的砍妖刀又变成了缚妖索。六大健将手忙脚乱，乱作一团。没一会儿，云里雾就被缚妖索捆了个结结实实。

就这样没变几次，六大健将伤的伤、被捉的被捉。

红孩儿见状大惊，问哪吒："你的六只手所拿的兵器，一共有多少种不同的拿法?"

哪吒嘿嘿一笑，神气地说："我说出来你可别害怕，一共有720种不同的拿法!"

"啊，这么多?"红孩儿表示怀疑。

"不信我给你算算。"哪吒说，"2只手拿2件兵器，可以有2种不同的拿法，也就是$1\times2=2$（种）；3只手拿3件兵器，有$1\times2\times3=6$（种）不同的拿法；4只手拿4件兵器，有$1\times2\times3\times4=24$（种）不同的拿法；6只手拿6件兵器，就有$1\times2\times3\times4\times5\times6=720$（种）不同的拿法。"

"呀！厉害!"红孩儿倒吸了一口凉气说，"你有你的绝招，我有我的绝活儿，今天就斗到这儿，明天再斗!"说完跑回了火云洞。

哪吒大获全胜，押着俘获的云里雾返回了大营。

名师在线

乘法原理

做一件事，完成它需要若干个步骤，每个步骤之间是连续的，只有将这若干个互相联系的步骤，依次相继完成，这件事才算完成。这种情况下，要想知道完成这件事有多少种方法，可以把每步的方法数相乘。

例如，小明每天放学后，从学校乘坐 108 路或 111 路或 106 路到图书馆站，再换乘 41 路或 63 路到家（如下图）。请问小明放学可以有多少种不同的乘车方式?

从学校到图书馆有 3 种乘车方式，这 3 种乘车方式都可以和从图书馆到家的 2 种乘车方式搭配，所以一共有 $3\times2=6$（种）方式。

试一试 从甲地到乙地有 3 条路，从乙地到丙地有 3 条路，从甲地到丁地有 2 条路，从丁地到丙地有 4 条路。如果要求所走路线不能重复，那么从甲地到丙地共有多少条不同的路线?

分析 从甲地经乙地到丙地的路线有 $3\times3=9$（条），从甲地经丁地到丙地的路线有 $2\times4=8$（条），共有 $9+8=17$（条）。综合算式为：$3\times3+2\times4=9+8=17$（条）。

答案 从甲地到丙地共有 17 条不同的路线。

厉害的火车子

第二天一大早，休整完毕的哪吒又来到了火云洞前叫阵。哪吒一看，奇怪，红孩儿在洞前画了一个环形的大圈，边上写了许多0和1，顺时针看，依次是10100100010000（如下图）。环中间放着五辆车子，车子上盖着布，布下不知藏了些什么东西。

哪吒正纳闷，一声炮响，洞门大开，红孩儿领着一群小妖冲了出来。哪吒一指红孩儿："小小红孩儿，昨天你已被我打败，今天快快投降，我可饶你一命！"

红孩儿嘿嘿一阵冷笑："咱们俩的比试才刚刚开始，哪谈得上投降啊？接招儿吧！"说完，他一只手捏成拳头，照

着自己的鼻子狠狠地捶了两拳，滴出几滴鼻血。红孩儿把鼻血往脸上一抹，抹了个大红脸。

只听红孩儿大声念了两遍咒语：“10100100010000，10100100010000。”然后突然把嘴一张，从口中喷出大火来。接着他又把火尖枪向上一指，环中停着的五辆车子全部燃起了熊熊烈火；他再把火尖枪向前一指，烈火直奔哪吒烧来。

哪吒见状大惊，口念避火诀，朝红孩儿冲杀过去。还没到跟前，红孩儿又猛地喷了几口大火，烧得哪吒睁不开眼，只好败下阵来。

好一股大火，把半边天都烧红了。天兵天将们躲闪不及，慌作一团。大火越烧越烈，天兵天将的眉毛胡子着火了，衣服也烧着了，疼得他们“吱哇”乱叫。

哪吒见势不好，连忙叫道：“兄弟们，赶快回营！”说完，脚下一使劲，踏着风火双轮一溜烟儿地跑了。只听后面的红孩儿哈哈大笑：“哪吒，有本事，别跑啊！”

回到大营，哪吒召集众将商量对策。只见巨灵神、大力金刚一个个被烧得焦头烂额，垂头丧气。哪吒问大家有何破敌之策。

木吒说：“红孩儿使用的是火车子，但是不知道他念的咒语‘10100100010000’是什么意思，无法破解它。”

怎样才能知道这咒语的含义呢？哪吒忽生一计。他令天兵把俘虏的云里雾押来——云里雾是红孩儿的六大健将之一，应该知道点儿什么。可是云里雾说，他并不知道咒语的含义。

哪吒沉思良久，忽然起身走到云里雾跟前，绕着他转了一圈。咦，怪事出现了，站在大家面前的是两个长得一模一样的云里雾。其中一个云里雾朝大家招招手：“我回火云洞了，再见！”天兵刚想阻拦，木吒笑着摆摆手，说：“随他去吧！”

智破火车子

“云里雾”回到火云洞，红孩儿见到爱将回来，十分惊喜，问他是怎么跑回来的。“云里雾”胡编了几句，乱吹了一通。于是红孩儿令小妖摆宴席，给“云里雾”接风压惊。

酒过三巡，菜上五味，红孩儿得意地问：“云里雾，那些天兵天将被烧得怎么样啊？”

“惨不忍睹！”“云里雾”说，“大王的火车子果然厉害！巨灵神被烧成了一个大秃子，大力金刚把脸都烧黑了。”

“哈哈！”红孩儿大笑几声，一扬脖子把一大杯酒喝了下去，“痛快！痛快！让他们尝尝我火车子的厉害！”

红孩儿又问：“他们下一步打算怎么办？”

“还能怎么办？”“云里雾”说，“他们弄不清楚大王念的咒语 10100100010000 是什么意思，正准备撤兵哪！”

红孩儿十分得意：“我以为哪吒有多聪明！谁知连个咒语都弄不明白，真是个傻瓜蛋！”

“云里雾”见红孩儿醉意正浓，忙将身子往前凑了凑，问道：“大王，我跟您这么多年，都不知道这咒语的含义，不知……”

红孩儿正喝在兴头上，随口就答道：“5 辆火车子放在一个环形的大圆圈里面，环的边上写着 4 个 1 和 10 个 0，共 14 个数字，在现有的排列情况下，如果我念的是这 14 个数字组成的最大数，大火就向外烧。10100100010000 就是最大数。”

“云里雾”问：“那如果念这 14 个数字组成的最小数呢？”

红孩儿脸色突变："那可就惨了，大火就反向往内烧了！"

"哦——是这么回事。""云里雾"点点头，心里窃喜。过了一会儿，他瞅准时机，冲红孩儿一抱拳："大王，我去方便方便。"

"云里雾"出了火云洞，把脸一抹，现出了本相，原来他是哪吒变的。哪吒踏着风火双轮回到了大营，把咒语的秘密告诉了众天将。

大力金刚摇摇头："谁能知道最小数是多少啊？"

"这个容易。"哪吒说，"要想让这个数大，你就尽量让1占在高位上，也就是让1尽量靠左。反过来，要想让这个数小，你就尽量让1占在低位上，也就是让1尽量靠右。不过要注意，一个多位数的首数不能是0。"

还是木吒反应快，马上说道："最小数应该是10000100010010。"

稍作休息，哪吒带兵又来到火云洞前，高声叫阵。红孩儿正躺在床上睡大觉呢，听到小妖来报，心里直纳闷：咦，他们不是要撤兵吗，怎么又来叫阵了？

红孩儿不敢怠慢，提起火尖枪冲出了洞门："好个哪

吒，胆子不小！看来还没把你们烧透，我来接着烧！”他捶破了鼻子，抹完了红脸，刚想念咒语，谁知哪吒却抢先念了两遍咒语：“10000100010010，10000100010010。”

只见大火猛地朝红孩儿和众小妖烧去。“哇！这火怎么造反啦！”红孩儿撒腿就往洞里逃，可是他腰间束的那条锦绣战裙已被烧光了。

天兵们开心地大叫：“看哪！红孩儿光屁股喽！”

名师在线

位数与数字大小

位数相同的数，同样数位上的数字越大，这个数就越大。因此，几个数字组成一个数，要想让数尽可能大，就要把大的数字尽量往高位上放；要想让数尽可能小，就要把小的数字尽量往高位上放，但是 0 不能放在首位。

例如，用 0、1、4、6、7 这五个数字组成一个最大的五位数和一个最小的五位数，它们分别是什么？

$7>6>4>1>0$，将 7 放在最高位上，6、4、1、0 依次放在不同数位上，因此最大的五位数是 76410。反过来放，就是最小的数，因此最小的五位数是 10467。

试一试 用 1、2、3、4、5 这五个数字组成一个两位数和一个三位数。要使乘积最大，应该是哪两个数？

分　析 1. 要使乘积最大，两个乘数最高位应该分别是 4 和 5，最末位是 1。

2. 先不看最末位的 1，这五个数字就变成 2、3、4、5 四个数字，要想使乘积最大，这四个数字组成的两位数就要最接近，53 和 42 相差 11，52 和 43 相差 9，应选择 52 和 43。

3. 接下来看最末位的 1 跟在哪个两位数后面，两个数的乘积最大。$521\times43=22403$，$52\times431=22412$，由此得出 1 跟在首位小的数的后面，两个数的乘积最大。

答　案 要使乘积最大，应该是 431 和 52 这两个数。

被困火云洞

红孩儿逃进火云洞，巨灵神和大力金刚人高腿长，一个箭步就追了进去。两个人刚刚进洞，“咣当”一声，洞门就关上了。

火云洞里面结构十分复杂，一共有五间洞室，其中两间洞室有四扇门，另外三间洞室每个有五扇门，这三间洞室，两间位于一边，另外一间夹在有四扇门的两间洞室之间（如下图）。巨灵神和大力金刚从一间洞室追到另一间洞室，从一个门进去，又从另一个门出来，都没看到红孩儿的影儿。这红孩儿跑到哪里去了呢？

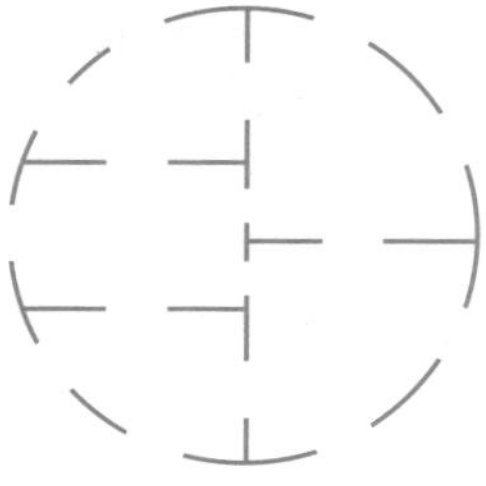

正当两个人发愣的时候，传来了红孩儿清脆的笑声："哈哈，两个傻瓜蛋，还想追我圣婴大王？你们进了我的火云洞，就算进了坟墓喽！"

大力金刚大怒，他吼道："光腚的红孩儿，有能耐的话站出来，咱们一对一地较量一番，躲在暗处算什么本事！"由于声音太大，洞顶被震得直往下掉土。

巨灵神也大叫道："既然你不敢和我们打，那就让我们出去，搞阴谋诡计算什么好汉！"

红孩儿说："想出去并不难，只要你们走遍这五间洞室，每个门都经过一次，而且只能经过一次，洞门就将打开。"

"走！咱俩按他的要求走一遍。"巨灵神和大力金刚开始尝试着走。为了不重复走，他们每经过一个门就在这扇门

上做个记号。

走一遍不成，再走一遍，还是不成。两个人在里面走了一遍又一遍，就是达不到红孩儿的要求。

大力金刚累得一屁股坐在了地上："累死我了！不走了！"

一只小蚊子从洞门的缝隙飞了进来，落在巨灵神的肩上。蚊子小声地问道："出什么事了？"

巨灵神一听声音，便知道蚊子是哪吒变的，就把他俩走了半天也达不到红孩儿要求的经过说了一遍。哪吒飞起来，把五间洞室都看了一遍。

哪吒又飞回到巨灵神的肩上，小声说："红孩儿在骗你们呢！根本就不存在这么一条路线，不管你们怎么走，也达不到他的要求。"

"为什么？"

哪吒说："要想每个门都要经过一次，而且只经过一次，只有两种选择：或者每间洞室的门都是双数的，从一间洞室出来，最后再回到这间洞室；或者只有两间洞室的门是单数的，从一间有单数门的洞室出来，最后回到另一间有单数门的洞室。"

巨灵神双手一摊，问道："现在有三间洞室的门是单数的，肯定达不到他的要求。这该怎么办？"哪吒说："让我想想。"

名师在线

一笔画

走火云洞涉及一笔画问题。一笔画指从一点出发，笔不离纸，而且每条线都只画一次而成的图形，线条必须是连通的。

图形中，有奇数条线相连的点叫作奇点，有偶数条线相连的点叫作偶点。（1）凡是全由偶点组成的图，一定可以一笔画出。画时可以把任一偶点作为起点，最后仍回到这一点。（2）凡是只有两个奇点的图，一定可以一笔画出。画时必须以其中一个奇点为起点，以另一个奇点为终点。奇点个数是决定连通图能否一笔画成的关键。

比如，下面的图 1 就不能一笔画出，因为这个图中，奇点数是 8 个。图 2 能一笔画出，这个图中有两个奇点 E、F。

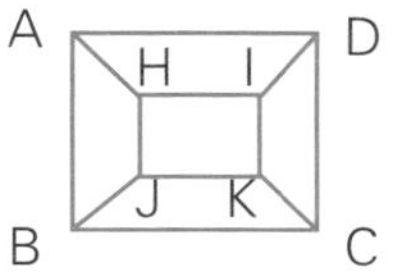

图 1

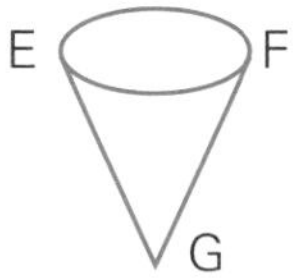

图 2

试一试　右图是某街道的平面图，甲、乙两人同时分别从 A、B 出发，以相同的速度走完所有的街道，最后到达 C。谁能先到达？

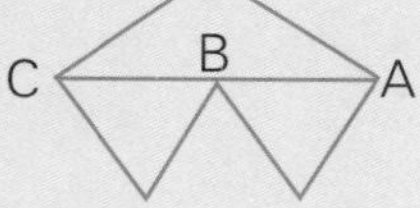

分　析　图中有两个奇点 A 和 C，甲从 A 点出发，可以不重复地走遍所有街道到达 C 点。而从偶数点 B 出发的乙则要重复路线。因此，甲走的路程短，先到达 C。

答　案　甲先到达 C。

哪吒想了一下，说道："大力金刚力大无穷，让他去搬些山石，把一间有五个门的洞室堵上一个门，让它变成只有四个门。"

"好主意!"巨灵神双手一拍，"这样就只有两间洞室有单数门了，可以不重复地一次走完。"

大力金刚三两下就把位于两间洞室之间的那间洞室的靠外边的门堵上了，两个人七绕八绕，终于没重复地走完了所有的门（如下图）。只听"咣当"一声，洞门大开，巨灵神和大力金刚冲出了火云洞。他俩刚刚出来，洞门一下子又关上了。

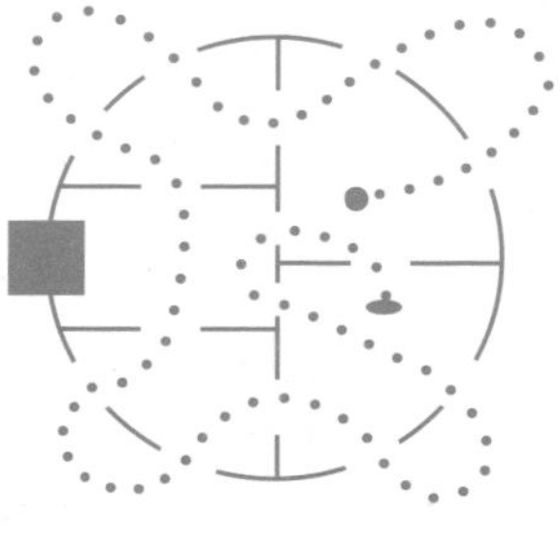

哪吒见巨灵神和大力金刚安全出来了，又开始叫阵：“红孩儿，快快出来投降！本先锋官可以饶你不死！”可是，无论怎样叫喊，红孩儿就是不露面。

哪吒直纳闷红孩儿打的什么主意，正想着，突然洞门开了一道小缝，一只麻雀“嗖”的一声从洞里飞了出来。哪吒眼疾手快，迅速抛出乾坤圈把麻雀套住，从麻雀的腿上解下一张纸条。原来是红孩儿给他爸爸牛魔王写的一封信，大意是自己被困火云洞，盼望牛魔王赶紧来救他。

木吒说：“如果牛魔王真来救他，可就麻烦了。牛魔王自称‘平天大圣’，和齐天大圣孙悟空等七个魔头结为七兄弟，这七个魔头哪个也不好惹。另外，牛魔王的夫人铁扇公主，法力更是了得，一把芭蕉扇神奇无比，一扇熄火，二扇生风，三扇下雨。”提到孙悟空，天兵天将个个头顶冒冷汗。

哪吒眼珠一转，突然仰面大笑：“哈哈，红孩儿现在急盼救兵，何不将计就计？我变作牛魔王，骗他打开洞门，咱们趁势杀进去，一举将他擒获！”

众天兵天将都说是个好主意，只有木吒低头不语。

第二天，哪吒变的牛魔王带着一队“小妖”来到火云洞前。只见“牛魔王”头戴熟铁盔，身穿黄金甲，脚穿麂（jǐ）皮靴，手提一根混铁棍，胯下骑着一头辟水金睛兽。

“牛魔王”对洞门大喊：“孩儿开门，为父来了！”

“吱”的一声，洞门开了一道缝，红孩儿探出脑袋向外看了看，“咚”的一声又把洞门关上了。

红孩儿在里面说：“哪吒变化多端，我不得不防。他前日变作我的大将云里雾，骗走了我的咒语。你到底是我的真父亲，还是假父亲，我不敢断定，你必须接受我的考验。”

“牛魔王”双眉紧皱，说：“怎么？还有儿子考老子的？”

“不考不成啊！”说着洞门又开了，从里面推出来一块木板。

家族密码

红孩儿推出的那块木板上，有一张 4×4 的方格图，第一行的四个方格中依次是 1、5、6、30 四个数字，第二行的四个方格中依次是 2、3、8、12。第三行的第一个方格中是 3，第二个方格中没有数字，第三个方格中是 7，第四个方格中是 35。第四行的第一个方格中是 4，第二个方格中是 3，第三个方格中没有数字，第四个方格中是 9。（如下图）

1	5	6	30
2	3	8	12
3		7	35
4	3		9

红孩儿在洞里说："如果你是真的牛魔王，就能顺利地填出空格里的数字，因为那两个数字是咱们的家族密码。如果你填不出来，就证明你是哪吒变的假牛魔王。"

木吒变作小妖，在一旁小声说："红孩儿这招够绝的，这些数字之间好像没什么关系，我可填不出来。"

"填不出来也要填，不然我就不是红孩儿的真爹了。"哪吒认真地观察着这些数字，一边看，一边不断地念叨："第一行是三个小一点的数 1、5、6，一个大数 30。它们之间肯定不会是相加的关系，必须是相乘的关系。"

木吒有了新发现："对！ $5\times6=1\times30$。"

哪吒说："只有第一行有这个规律还不成，第二行是否也符合这个规律？"

"$3\times8=24$，$2\times12=24$，嘿！也对！"木吒开始兴奋了，

“那第三行空格中的数字应该是 $35 \times 3 \div 7 = 15$，第四行空格中的数字应该是 $4 \times 9 \div 3 = 12$。”

哪吒大声说：“红孩儿，爹爹怎么能把家族密码忘了呢？一个是 15，另一个是 12 呀！”

“既然答对了，爹爹请进！”说着红孩儿把洞门打开了。哪吒刚想催辟水金睛兽往洞里走，木吒拦住了他：“慢着！”

木吒说：“他爹来了，他为什么不摆队迎接？红孩儿诡计多端，咱们不得不防，我在前面领路，你们在后面慢慢走，没有我的话不得进洞。”

木吒快步走进火云洞，探头往洞里一看，回头大声叫道：“别进来，洞里有埋伏！”话音未落，洞里的小妖就一拥而上，把木吒拿下了，紧接着洞门又紧紧关上了。

哪吒真有点后怕，他变回原形，大声问：“红孩儿，我已经答出了你的家族密码，为什么你还能识破我是假牛魔王？”

红孩儿在洞里哈哈大笑：“哪吒呀哪吒，你是聪明一世糊涂一时啊！密码应该是 1512，一个数啊！怎么会是 15 和 12 两个数呢！”

“哎！怪我一时糊涂！”哪吒狠狠地敲了一下自己的脑袋。

决一死战

第二天，为了救出木吒，哪吒一早又来到了火云洞前叫阵。

哪吒刚刚喊道："红孩儿听着……"突然洞门大开，数百名小妖蜂拥而出，红孩儿押着木吒走在最后。红孩儿突然尖叫一声，小妖立刻排成一个八层的中空方阵，每一层边上的两头都比里一层各多站一人（如下图），红孩儿和木吒站在阵中央。

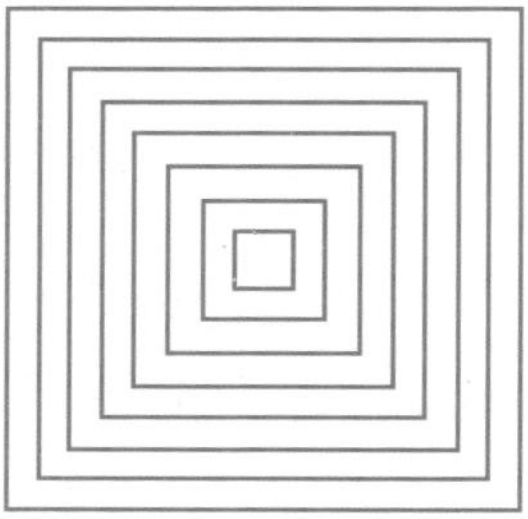

红孩儿双眉倒立，用火尖枪一指哪吒，说："哪吒听着，你一再施计谋害我，今天我要和你决一死战，拼个你死我活！"

哪吒问："怎么个决战法？"

"我和木吒就在方阵中央，你如果能攻破我的八层中空方阵，木吒任你救走，我随你去见李天王，听候处理！"看来红孩儿是真的下了狠心要和哪吒拼个你死我活了。

金吒在一旁提醒道："三弟，在弄清楚他这个八层中空方阵有多少小妖之前，万万不可轻举妄动！"

哪吒想了一下，对红孩儿说："我提一个问题，你敢回答吗？"

"嘿嘿！"红孩儿一阵冷笑，"别说一个问题，就是十个问题，我也照答不误。"

"好！"哪吒问，"如果要把你这个中空方阵填成实心的，不算你和木吒，还需要多少名小妖？"

红孩儿略微思考了一下，说道："原来是这么简单的问题。再补上 121 名小妖，就可以填满。"

金吒埋怨哪吒："让你问他八层中空方阵一共有多少小妖，你怎么问他这个问题！"

哪吒微微一笑，说："你直接问他有多少人，他会告诉你吗？方阵的小妖数是军事秘密呀！"金吒一想也是这么回事。

哪吒低声对金吒说："中间的空当也是正方形的，这

个正方形如果站满小妖，每边上必然是11个小妖，因为 $11\times 11=121$。又因为是八层方阵，所以最外面的大正方形的每条边上的小妖数就有 $11+2\times 8=27$（个）。”

“我明白了！”金吒也小声地说，“实心方阵的小妖数就是 $27\times 27=729$（个），再减去中心小妖数121，共有 $729-121=608$（个）小妖。”

“才六百多个小妖，不在话下！”哪吒下命令，“大哥，你带领所有的天兵天将从南边往阵里攻，我一个人从北边攻，让红孩儿顾得了南顾不了北，顾得了头顾不了脚！”

“得令！冲啊！”金吒带领众天兵天将，响声震天，直奔八层中空方阵的南边。

哪吒大喊一声“变”，立刻变成三头六臂，从阵的北边往里冲。

小妖们哪见过这种阵势，慌忙迎战，只几个回合，众小妖就死伤一大片，余下的小妖都跪地求饶：“哪吒爷爷，饶命！”

一扇万里

红孩儿一看兵败如山倒，心想：“三十六计，走为上计，逃！”立刻夺路而逃。

哪吒叫道：“不捉住元凶，我如何交差！”

木吒大喊一声：“追！”

哪吒和木吒在后面紧紧追赶。刚追到一个岔路口，突然，铁扇公主从半路杀出。只见铁扇公主头裹团花手帕，身穿纳锦云袍，腰间双束虎筋绦，手拿两口青锋宝剑，一脸怒气地站在那里。

红孩儿看见母亲，喊道：“母亲救命！”

铁扇公主双眉紧锁：“我儿不要惊慌，为娘来也！”

铁扇公主用剑指着哪吒喝问：“小哪吒，我家与你往日无冤，近日无仇，为何追杀我儿？”

哪吒回答：“红孩儿霸占一方，鱼肉乡里，我奉命征讨！”

“我儿太小不懂事，看在我铁扇公主的面子上，饶我儿一回吧！”

“军令如山，哪吒不敢违抗军令。”

铁扇公主一听，气不打一处来：“好你个小哪吒！既然你如此不讲情面，那就别怪我不客气了。看剑！”话到剑到，铁扇公主一剑刺来。

“我奉陪到底！”哪吒说罢举起乾坤圈相迎，铁扇公主和哪吒战在了一起。

两个人战了二百来个回合，不分胜负。铁扇公主见一时半会儿取胜不了，从衣服里取出一把小小扇子。

木吒看在眼里，大叫：“留神！铁扇公主把芭蕉扇拿出来了！”

说时迟，那时快，铁扇公主喊了一声：“变！”把芭蕉扇迎风一晃，芭蕉扇立刻变得硕大无比。

木吒吃了一惊：“哇！这芭蕉扇变成船帆啦！”

铁扇公主冷笑着说：“你们站稳喽！”她用芭蕉扇只扇了一下，就刮起了一股强劲的狂风，“呼”的一声，哪吒和木吒一下子就被风刮得飘向了远方。

哪吒在风中大叫：“二哥，好大的风啊！我被风吹走了！”

木吒在风中飘飘悠悠：“我也是！三弟……”

在空中飘了一段时间，木吒才定住神，定睛一看，前下方是一座长满椰子树的海岛。他忙一蹬腿，使劲抱住了一棵椰子树。

木吒长吁一口气："好了！歇会儿，弄个椰子吃吃。"

木吒正在吃椰子，突然，哪吒也被风刮来，落在了椰子树上。

木吒惊讶地说："呀！我这个椰子还没吃完，你就来了。"

哥儿俩见面分外高兴，哪吒开玩笑说："我比你重，晚来了一会儿。"

木吒摘下一个椰子递给哪吒："你先吃一个椰子，压压惊。"

哪吒接过椰子说："咱俩被那妖风刮出了多远？"

木吒掏出电子表看了一眼："我记得时间：我飞到这儿用了 7 分 30 秒，你用了 9 分 30 秒。你比我多用了 2 分钟。"

"哇！咱俩飞行的速度够快的！"

"我比你飞得还快,我比你每秒钟快了 20 千米。"木吒说，"有这几个数据，能算出咱俩飞行了多远吗？"

哪吒想了想："可以。设咱俩飞行的距离为 S 千米，你用的时间是 7 分 30 秒。7 分 30 秒换成秒就是 450 秒，你的飞行速度就是$\frac{S}{450}$。我用了9分30秒，也就是570秒，我的飞行速度就是$\frac{S}{570}$。你比我每秒钟快了20千米，咱们俩的速度差是$\frac{S}{450}-\frac{S}{570}=20$（千米/秒）。”

木吒催促道：“你快算出结果吧！”

哪吒接着往下算：“$\frac{570-450}{450\times570}S=20$，也就是$\frac{120}{256500}S=20$，$S=42750$（千米）。算出来了，咱们俩飞了42750千米。”

木吒一摸脑袋，说：“铁扇公主只扇了一下，就把咱俩扇出了四万多千米。这要是多扇几下呢？”

哪吒摇摇头：“那咱俩就到火星上玩去喽！”

哪吒一拉木吒：“走，我带你回去，继续和铁扇公主斗！”

木吒摆摆手：“不成啊！她一摇芭蕉扇，咱俩还得回来。”

“说得也是。”哪吒拍了一下脑门儿，说，“唉，我听父王说过，要想战胜芭蕉扇，必须找到‘定风丹’！”

木吒说：“定风丹只有牛魔王才有啊。”

“对，咱俩去找牛魔王！”说完，哪吒和木吒腾空而起。

智取“定风丹”

说话的工夫，哪吒和木吒就来到了翠云山的芭蕉洞。

木吒提醒哪吒：“三弟，牛魔王知道咱们正和红孩儿打仗，咱俩就这样去要定风丹，他肯定不会给呀！”

“你说得对！直接去要，肯定不会给。”

“那怎么办？”

哪吒双手一拍：“有主意啦！我变作红孩儿，你变作红孩儿的手下干将——快如风。他亲儿子要，总不会不给吧！”

“好主意！”

“变！”木吒立刻变成了快如风。

“变！”哪吒也变成了红孩儿。两个人大摇大摆朝芭蕉洞走去。

守门的小妖一看“红孩儿”来了，不敢怠慢，忙笑脸相迎：“圣婴大王回来了，快里面请！”

牛魔王听说“红孩儿”回来了，也迎了出来：“儿啊，你娘支援你去了，你怎么回来了？和哪吒打得怎么样啦？”

哪吒向上一抱拳：“我娘的芭蕉扇果然厉害！只扇了一下，就把哪吒和一半的天兵天将扇得无影无踪。”

“哈哈，让他们尝尝芭蕉扇的厉害！既然得胜，你到我这儿来干什么？”

“虽说天兵天将被扇走了一半，可是我手下的士兵也被扇走了一半！”

“嘿嘿。”牛魔王乐了，“芭蕉扇可不认人，谁被扇着谁就没影了。”

“我娘特派我回来取‘定风丹’，娘说把定风丹给我的手下含在嘴里，就不怕芭蕉扇了。”

“你娘让你取多少定风丹？”

“有多少拿多少，多多益善！”

“嗯？多多益善？”牛魔王心生怀疑，“我先来算算家里还有多少定风丹。”

牛魔王掰着指头开始算：“家中的定风丹原来装在 9 个宝盒中。这 9 个宝盒中分别装有 10 丸、12 丸、14 丸、16 丸、18 丸、20 丸、24 丸、25 丸和 28 丸。”

“红孩儿”一吐舌头：“哇！有这么多啊！我都拿走。”

“不过——”牛魔王眼珠一转，“前天覆海大王蛟魔王拿走了若干盒定风丹。昨天混天大王大鹏魔王又拿走了若干盒，最后只给我剩下了1盒。我还知道蛟魔王拿走的定风丹的个数是大鹏魔王的2倍。”

“红孩儿”忙问：“您留下的这盒里有多少丸定风丹？”

牛魔王摇摇头：“我没数，我也不知道。”

“红孩儿”往前紧走一步：“让我来算算，假设大鹏魔王拿走的定风丹数为1。”

听到1，牛魔王连连摇头：“不，不，大鹏魔王拿走的定

风丹绝不是 1 丸，也绝不止 1 盒。”

哪吒解释说：“我这里说的 1 既不是 1 丸，也不是 1 盒，而是 1 份。这样，蛟魔王拿走的定风丹数就应该是 2 份，蛟魔王和大鹏魔王拿走定风丹的总数应该是 3 的倍数。”

木吒在一旁搭腔：“对!”

牛魔王问：“那怎么才能知道我剩下的这盒里有多少丸定风丹?”

哪吒解释说：“您别着急啊！这 9 盒定风丹的总数是 $10 + 12 + 14 + 16 + 18 + 20 + 24 + 25 + 28 = 167$，然后总数 167 被 3 除，商 55 余 2，即 $167 \div 3 = 55 \cdots\cdots 2$。”

“你又除又商的，玩什么把戏?”牛魔王有点晕。

哪吒可不晕，他说：“我前面说啦，两位大王共拿走了 8 盒定风丹，它们的总数可以被 3 整除。那么被 3 整除，余数应该是几哪?”

牛魔王用手在自己的脑门上“啪、啪、啪”狠命拍了三下，结果还是摇摇头。

哪吒心想：你就是把脑袋拍破了，也回答不出来。

哪吒心里虽然这样想，嘴里却说：“我知道，这么简单的问题，不值得父王来回答。”

牛魔王赶紧顺坡溜："对、对，这么简单的问题，哪用得着我回答？快如风，你说。"

"是！"木吒说，"如果能被3整除，余数就是0呀！可是加上您留下的这盒之后，余数却变成了2，这又是为什么？"

牛魔王眼珠一转："这个问题更简单，更不值得我回答。"

哪吒连连点点头："对、对，我来回答。那一定是您留下的那盒的定风丹数，被3除后，余2呗！"

牛魔王装腔作势地点头："对、对，余数是2。"

"那就对了。"哪吒说，"10、12、14、16、18、20、24、25和28这9个数中，被3除余2的只有14。这么说，父王手里还有14丸定风丹。"

牛魔王嘿嘿一笑："真让你猜对了。"

哪吒一伸手："父王，快把定风丹交给我吧！"

牛魔王拿出一个盒子："这里有14丸定风丹，我儿拿走，快去作战吧！""谢父王！"哪吒双手接过定风丹。

出了芭蕉洞，哪吒和木吒恢复了原形。

哪吒高兴极了："哈哈，有了定风丹，咱们就不怕芭蕉扇喽！给，咱俩先一人含一丸。"

“好！”木吒把定风丹扔进了嘴里，哪吒也含了一丸，然后拿着盒子直奔前线。

来到阵前，哪吒大叫：“铁扇公主听着，我已取得了定风丹，再也不怕你的芭蕉扇啦！有本事你尽管扇哪！”

“什么？你弄到定风丹啦？”铁扇公主半信半疑，“让我来试试！”

“嗨！嗨！嗨！”铁扇公主拿起芭蕉扇，连续扇了几下。

刹那间，只听“呜”的一声怒吼，狂风突起，风力强大无比。哪吒和木吒立刻被吹上了天空。

哪吒大叫：“哇！这定风丹怎么不管用啊？”

木吒说：“牛魔王骗了咱们，给咱俩的定风丹是假的！”

名师在线

巧用假设法解题

算剩下的定风丹个数用了假设法。假设法就是根据题目中的已知条件或结论作出某种假设，然后根据已知条件进行推算，根据数量上出现的矛盾做适当调整，从而找到答案。

例如，把若干个小盒排成一行，从第一个盒子开始，依次放入 1、2、3、4……个小球。小华拿走一个盒子里的球，剩下所有盒子里的球总共为 200 个。小华拿走了多少个球?

当小华未拿走球时，所有盒子里球的总数一定大于 200，而这些球的总数一定是从 1 开始的若干个连续自然数的和，从这个和中减去其中一个自然数，其差应为 200。

（1）假设共有 19 个盒子，那么球的总数为：1 + 2 + 3 + … + 19 =（1 + 19）×（18÷2）+ 10 = 190。这个数小于 200，不符合题意。

（2）假设共有 20 个盒子，那么球的总数为：1 + 2 + 3 + … + 20 = 190 + 20 = 210。这个数比 200 大，210 − 200 = 10。小华拿走 10 个球，符合题意。

（3）假设共有 21 个盒子，那么球的总数为：1 + 2 + 3 + … + 21 = 210 + 21 = 231。这个数比 200 大，231 − 200 = 31。因为球最多的盒子才装 21 个，所以小华取走 31 个不合理。

综上分析，小华拿走了 10 个球。

真假"定风丹"

哪吒和木吒在空中飘荡了好半天，终于，木吒先落了地，过了不久，哪吒也到了，两个人会到了一起。

"二哥，铁扇公主把咱俩扇到哪儿来了？"

"可能是绕着地球转了N圈，——牛魔王竟敢用假定风丹骗咱们！"

"走，找牛魔王算账去！"哪吒拉起木吒就走。

哪吒和木吒又来到翠云山的芭蕉洞，哪吒将手中的乾坤圈狠命朝洞门砸去，只听"咚"的一声响，洞门裂开了一道口子。

哪吒大声喊道："老牛，你竟敢用假定风丹骗你家小爷，还不快快出来受死！"

忽听"哗啦"一声，洞门大开，牛魔王骑着辟水金睛兽，头戴熟铁盔，脚踏麂皮靴，腰束三股狮蛮带，手提一根混铁棍，冲了出来。

牛魔王指着哪吒哈哈大笑："小娃娃，你还嫩得很哪！牛爷爷略施小计，就把你给骗了。这次我妻子把你俩扇到了天涯海角吧！哈哈哈！"

哪吒怒从胸中来，左手一指牛魔王："老牛，快拿你的牛头来！"哪吒舞动乾坤圈，冲了上来。

"想吃我的牛肉？做梦去吧！"牛魔王举棍相迎。

突然，红孩儿从洞里飞了出来："父王，你来对付哪吒，我来解决木吒！"说完挺枪直奔木吒冲去。

木吒大吃一惊："哇！红孩儿什么时候跑到这儿来啦？"

红孩儿气势汹汹，挺着一丈八尺长的火尖枪直取木吒，木吒抡起铁棍相迎。两个人你来我往，杀在了一起。

这时，金吒带着天兵天将也赶到了。

“天兵天将，上!”哪吒一声令下，天兵天将把牛魔王和红孩儿团团围住。

“杀！杀!”天兵天将奋不顾身地往上冲。

红孩儿看寡不敌众，回头对牛魔王说：“父王，咱俩被包围啦！怎么办?”

牛魔王把手一挥：“快撤回洞里!”

牛魔王和红孩儿杀出一条血路，跑回洞里，“咣当”一声把洞门关紧了。

哪吒在外面大喊：“牛魔王，快把定风丹交出来!”

牛魔王在里面喊：“哪吒，你不是要定风丹吗？你等着，我扔给你!”

这时洞门打开了一道缝，牛魔王在里面喊：“这就是定风丹，接住!”

话音未落，“嗖”的一声，里面扔出一粒红色大药丸。哪吒刚想去接，一旁的木吒拦住了他：“别接，小心有诈!”

木吒话音刚落，只听“轰”的一声巨响，红色药丸突然在空中爆炸了。幸亏哪吒没去接，否则非炸个粉身碎骨不可。

哪吒倒吸了一口凉气："哇，真危险啊！"

牛魔王在洞里哈哈大笑："小哪吒，你不是说定风丹多多益善吗？接住，这都是定风丹！哈哈！"说着牛魔王从洞里连续扔出红、黄、绿、黑、白等各色药丸，各色药丸在空中相继爆炸，"轰""噗""哗"响成一片。有的药丸爆炸后产生极臭的气体，有的发出耀眼的光芒。

木吒捂着鼻子："臭死啦！这里面除了炸弹，还有毒气弹、强光弹！"

哪吒双目圆睁，往洞里一指："牛魔王，你说话不算数！"

"我说话怎么不算数啦？"牛魔王从洞里探出头来，"我扔的各色药丸是有规律的，接下来扔出的药丸里面真有一个

定风丹。”

哪吒问：“哪个是真的定风丹？”

“第 3 轮的最后一个药丸就是真的定风丹。”

哪吒皱起眉头：“谁知道哪个是第 3 轮的最后一个药丸？”

木吒在一旁搭话：“三弟，我仔细观察了牛魔王扔出各色药丸的规律。它们是 5 个红的，4 个黄的，3 个绿的，2 个黑的，1 个白的。就是说每一轮，也就是 1 个周期有 $5+4+3+2+1=15$（个）药丸。”

哪吒点点头：“这么说，3 轮共扔出 $15\times3=45$（个）。最后 1 个药丸就是第 45 个。”

“对，这第 45 个应该是白色的药丸。”

这时牛魔王喊道：“看好了，我按着规律开始扔啦！”接着“嗖、嗖、嗖”各色药丸从洞中飞出。

木吒一边看着飞出来的各色药丸，一边数：“1，2，3，……38，39，40，……45。”

当木吒数到 45 时，哪吒飞身接住了白色的药丸：“嗨！定风丹哪里跑！”

哪吒拿到定风丹，立刻飞回两军阵前，他大声喝道：“铁扇公主，你三太子又回来了，快快出来受死！”

铁扇公主心中纳闷："哪吒怎么这样快就回来了？这次我非得多扇他几扇子，把他扇到天涯海角去！"

铁扇公主来到阵前，也不搭话，抡起芭蕉扇冲着哪吒"呼、呼、呼"连扇了十几下。

令铁扇公主奇怪的是，扇了这么多下，哪吒硬是纹丝不动。

"扇的次数不够？"铁扇公主钢牙紧咬，抡起芭蕉扇冲着哪吒"呼、呼、呼"又扇了十几下。

"哈哈，铁扇公主，你累不累呀？"说着哪吒从怀中掏出定风丹，"你来看看这是什么？"

铁扇公主一看，大惊失色："啊，你拿到定风丹了？"

哪吒点点头："你刚才试过啦，这定风丹不假吧？"

"三太子既然拿到了定风丹，我认输。"铁扇公主沉思良久，她深知若没有芭蕉扇的威力，他们一家肯定不是众天兵天将的对手。她长叹一口气，扔掉手中的青锋宝剑，跪倒在地。

哪吒说："你早该如此！"

铁扇公主抬起头来说："我请求天兵天将饶我儿一次，我以后把他带在身边，严加看管！"

这时，牛魔王和红孩儿赶到了，他们双双跪下求饶：“请三太子高抬贵手！”

哪吒看他们一家三口同时跪倒在地，心有不忍，说：“看在你牛魔王和铁扇公主膝下只有红孩儿一子的分上，这次饶了红孩儿。下次若再敢祸害百姓，定杀不留！众将官，班师回朝！”

名师在线

余数与周期性问题

在解决周期性问题时，首先要仔细审题，判断其重复出现的规律，发现问题的周期性并确定周期，也就是找出循环的固定数，然后可以利用除法运算求出余数，最后根据余数来判断，得出正确的结果。

例如，一位小朋友画了一组图形：□○△□○△□○△……。根据排列的规律，请说出第121个图形是什么。

根据图形□○△□○△□○△排列的规律，可以知道每3个图形□○△为一组，121÷3 = 40（组）……1（个），说明121个图形中有40个周期多1个。每组的第一个图形为□，所以第121个图形是□。

试一试 黑珠、白珠一共202个，穿成一串，如下图所示：○●○○○●○○○●○○……。在这一串珠子中，最后一个珠子是（　）色的，这种颜色的珠子共有（　）个。

分析 根据图形○●○○○●○○○●○○排列的规律，可以看出每4个图形○●○○为一组，202÷4 = 50（组）……2（个），每组的第二个图形为●，因此最后一个珠子是黑色的。每组图形○●○○中只有一个●，因此共有50 + 1 = 51（个）这样的珠子。

答案 最后一个珠子是黑色的，这种颜色的珠子共有51个。

宝塔不见了

时间过得飞快，一晃十年过去了。

在这十年里，红孩儿一刻也没有忘记败在哪吒手下的奇耻大辱，他发誓要报仇。

一天清早，托塔天王李靖洗漱完毕，准备上朝，突然发现自己手托的宝塔不见了。李天王大惊失色——宝塔乃无价之宝，是他权力的象征，宝塔丢了，可怎么见人哪！李靖急得直冒冷汗，暗想：是谁这么大胆，敢偷走我的宝塔？

此时，一名士兵急忙来报：“报告天王，今天早上在您的书案上发现了四个小金盒，还有一封信。”

“快去看看。”托塔天王疾步走出卧室。此事也惊动了金吒、木吒和哪吒三位太子，他们也跟着父王奔向书房。

在书案上果然摆着四个金光闪闪的盒子，从外表上看，四个盒子长得一模一样。盒子下边压着一封信。托塔天王拿起信一看，只见上面写道：

玩铁塔的老头儿：

你的铁塔，我拿去玩玩。三天之内赶紧到我那儿去取，过了三天，我就卖给收废品的小贩了。你的铁塔还有点分量，估计能卖几个钱。

你现在最发愁的是不知道我是谁吧？答案就在这四个小盒子里面。这四个小盒子，从外表看都是金色的，但里面的颜色各不相同，分别是黑色、白色、红色和绿色。你只有打开里面是红色的盒子，才知道我是谁。如果打开了里面是别的颜色的盒子，那就不好啦！“轰”的一声，你们就全都完蛋了。哈哈，好玩吗？

知名不具

看完这封信，李天王气得哇哇乱叫：“哪来的大胆毛贼，敢叫我李天王为玩铁塔的老头儿！真是气煞我也！”

金吒双眼圆瞪，说道：“还要把父王的宝塔卖给收废品的，他真是吃了熊心豹子胆啦！”

还是木吒沉得住气，说：“当务之急是确定偷宝贼是谁。”

李天王和三位太子围着书案转了三圈，把四个小盒左左右右看了个仔细，可是谁也没看出来哪个小盒里面是红色的。

正当大家一筹莫展的时候，哪吒突然说：“看看盒子底下有没有东西。”

木吒立刻把四个小盒都翻了个底朝天，果然小盒的底部都有字：从左到右分别写着“白”“绿或白”“绿或红”“黑或红或绿”。其中一个小盒子的底部有一行芝麻大小的字，写着：“这里没有一个盒子写的是对的。”

李天王大怒：“没有一个写的对，说明都是骗人的鬼话！假话写它干什么？”

金吒挥舞着拳头，吼道：“这小贼是成心要咱们，等捉住他，我一定要把他碎尸万段！”

“虽说都是假话，我们也能分析出哪个盒子里面是红色的。”哪吒的这番话令大家都很惊奇。

金吒好奇地说：“三弟，你给大家分析一下。”

哪吒说：“既然四个小盒底部写的都是假话，那么最右边的盒子里面肯定是白色的。”

“为什么？”

“最右边盒子的底部写着‘黑或红或绿’，而这是假话，就是说盒子里面不是黑色的，也不是红色的，更不是绿色的。

金
没有一个盒子写的是对的。

你们说这个盒子里面应该是什么颜色？”

大家异口同声回答：“应该是白色。”

“嘻嘻！”哪吒笑着说，“这就对了嘛！”

“往下怎样分析？”

“再分析右数第二个盒子。”哪吒说，“这个盒子的底部写着‘绿或红’，既然这是假话，那盒子里面就可能是白或黑。”

木吒抢着说：“最右边的盒子是白色的，这个盒子里面应该是黑色的。”

金吒也不甘落后：“左数第二个写着‘绿或白’，这是假话，真话应该是‘黑或红’，而黑色已经有了，它里面必然是红色的。嘿！里面是红色的盒子找到了。”

托塔天王拿起左数第二个盒子，打开一看，里面装着一个木头刻的光屁股小孩。李天王皱着眉头问：“装个光屁股小孩，是什么意思？”

没有一个人答话。

突然，哪吒说道：“我给大家出个谜语，用红盒子装小孩，猜一个人名。”

大家你看看我，我看看你，半天没人说话。

“红孩儿。”还是木吒抢先说出了谜底。

听到“红孩儿”三个字，李天王倒吸了一口凉气：“怎么又是他！”

李天王一举左手，按着以往的习惯，左手是托着宝塔的，举起宝塔就是要下令发兵。现在宝塔丢了，举起左手也没用了。“唉！”李天王深深叹了一口气。

哪吒见状，走前一步，说：“父王，不要生气。待会儿点齐三千天兵天将，直捣枯松涧火云洞，掏了红孩儿的老窝，抓住红孩儿，夺回宝塔。”

李天王苦笑着摇摇头：“宝塔乃玉皇大帝赐予我发兵的信物，如今我连宝塔都丢了，如何点齐三千天兵天将？”

木吒一抱拳：“父王，不发兵也无妨，派大哥、我、三弟前去，也定能将宝塔夺回。”

三位太子一起跪倒在地：“请父王下令！”

“唉！也只好如此了。”李天王命令，“仍任哪吒为先锋官，带领金吒、木吒，捉拿红孩儿，夺回宝塔！不得有误！”

“得令！”哪吒带着两个哥哥，走出书房。

“唉！”金吒叹了一口气，“想上次讨伐红孩儿，有巨灵神、大力金刚、鱼肚将、药叉将等众天将相助，有万名天兵相随，是何等的威风。今日，只有咱们兄弟三人，形单影只，今非昔比喽！”

哪吒安慰说：“咱们哥仨还斗不过一个红孩儿？大哥放心！”说完三人腾空而起，直奔枯松涧火云洞。

四·小·红孩儿

说话间的工夫，兄弟三人就来到了枯松涧火云洞。

哪吒指着洞门高喊：“红孩儿听着，你盗走我父王的宝塔，快快还来！念你修行多年不易，可以从轻处理。如果一意孤行，定杀不赦！”

哪吒叫了半天，洞门还是紧闭，里面一点动静也没有。

木吒摇了摇头，说：“怪了，按红孩儿的脾气，你在洞外一喊，他会马上出来和你玩命。今天怎么这样安静？是不是搬家啦？”

话音刚落，只听洞里“咚咚咚”三声炮响，“哗”的一声，洞门大开，一群小妖拥了出来。领头的还是红孩儿的六大健将：云里雾、雾里云、急如火、快如风、兴烘掀、掀烘兴。他们嚷嚷着：“哇！又来送好吃的了。”当他们看清站在外面的只有哪吒兄弟三人，就不满意了：“只来了三个，不够分的呀！”

哪吒用手一指："你们这些小妖出来干什么？快让红孩儿出来受死！"

云里雾嘿嘿一笑："对不起，三位太子来晚了，我家圣婴大王刚走。"

"去哪儿了？"

"大王临走前关照我们说，他要去熔塔洞，把刚刚拿到的李天王的宝塔熔成铁块。"

"哇呀呀！"听了云里雾的话，金吒气得哇哇乱叫，他指着云里雾的鼻子问道："红孩儿不是说过了三日再卖给收废品的，怎么今天就要把宝塔熔掉？"

云里雾一本正经地回答："对呀！我家大王没说去卖宝

塔呀，而是先把宝塔熔成铁块，然后再卖给收废品的。”

一听说红孩儿要把宝塔熔掉，兄弟三人全急了，“哇呀呀！”各挺兵器向这六大健将杀去。六大健将深知哪吒的厉害，掉头就往洞里跑，边跑边喊：“快跑啊！快跑啊！”小妖只恨爹娘少给自己生了两条腿，一路狂奔。

哪吒举起斩妖剑，只一抡，小妖就倒下一大片。六大健将一跑进洞里，“咣当”一声，就把洞门关上了。

金吒正杀得性起，嘴里喊着“还我宝塔”，就要往洞里冲。

“大哥。”木吒一把拉住了金吒。

金吒急了：“为什么不让我冲？”

木吒说：“咱们这次出来是为了找回父王的宝塔，并不是消灭小妖。如果和小妖纠缠时间过长，会耽误咱们的正事。”

金吒点点头，又问：“你相信红孩儿不在洞里？”

哪吒解释说：“如果红孩儿在洞里，按他的脾气，早就冲出来了。咱们当务之急是赶紧找到熔塔洞，把父王的宝塔夺回来。”

但是熔塔洞在哪儿呢？三个人你看看我，我看看你，谁也不知道。

三个人正在着急，忽然听到小孩嘻嘻哈哈的欢笑声，循声望去，只见四个穿红衣服的小孩连蹦带跳地走了过来。四个小孩长得一般高，年龄差不多，长相也很相似。

金吒剑眉倒竖：“看，四个小红孩儿！”

哪吒一摆手：“不能看见穿红衣服的小孩，就说是红孩儿。”

哪吒紧走几步，来到四个小孩的面前：“我说小娃娃，向你们打听一个地方。”

四个小孩上下打量了哪吒一番，说：“你叫我们娃娃，你也不大呀！”

哪吒笑了笑说：“我比你们大得多呢！你们都多大了？”

其中一个小孩说：“我们四个是一个比一个大 1 岁，我们的年龄相乘等于 360。你算算我们四个都多大啦？”

“呀！还考我数学？”哪吒可不怕，“解这种只知道几个数的乘积，求这几个数的问题，一般是先把这个乘积进行因数分解。”说完哪吒就在地上写出了分解的式子：

$$360 = 2\times2\times2\times3\times3\times5$$

小孩问：“往下怎么做？”

“你别着急呀！”哪吒说，“我把分解出来的 6 个数分成

4 组，让各组的乘积依次相差 1：

$$360 = (2\times2)\times(2\times3)\times3\times5$$
$$= 4\times6\times3\times5$$

你们四个的年龄依次是 3 岁、4 岁、5 岁和 6 岁。对不对？”

四个小孩一起点头：“对，你还真有两下子！不过，你要告诉我们，你有几岁啦？”

“哈，我的岁数可大啦！”哪吒做了一个鬼脸，“我的年龄比你们年龄的乘积还要大得多！”

“哇！”四个小孩同时瞪大了眼睛，“你的年龄比 360 还大？看在你年龄比较大的分上，你想问什么就问吧！”

哪吒眼珠一转，问：“你们四个人都叫什么名字？”

“我叫小小红孩儿。”

“我叫红小孩儿。”

“我叫红孩小儿。”

“我叫红孩儿小。”

“哇！绕口令呀！”哪吒又问：“去熔塔洞怎么走？”

小小红孩儿说：“去熔塔洞啊，跟我们走！”

四个小孩在前面带路，哪吒兄弟三人跟在后面，在山里

转了几个圈，来到了一个洞口。

小小红孩儿回头说：“熔塔洞到了，跟我们进去。”哪吒兄弟跟着走进了洞。

走着走着，突然红孩小儿蹲下来系鞋带。哪吒和金吒跟着另外三个小孩往前走了，木吒可没走，他在一旁看着红孩小儿。红孩小儿系好鞋带，紧走几步追赶前面的伙伴去了。木吒仔细观察红孩小儿蹲过的地方，发现了一个小纸团。木吒捡起纸团，顺手装进了口袋里。

走着走着，四个小孩突然不见了。哪吒低声说了一句：“不好！我们上当啦！”话音刚落，只听“呼”的一声，四周同时燃起了大火，把哪吒兄弟三人困在了中间。

这时传来一阵阵小孩得意的笑声：“哈哈，哪吒你不是要找熔塔洞吗？这回就把你们哥仨都熔了！哈哈……”

哪吒高声问：“你们究竟是什么人？”

一个声音回答：“我们是圣婴大王红孩儿新收的四个徒弟，人送绰号‘四小红孩儿’。”

名师在线

变换思路巧解题

有时候，运用常规思路很难找到解题的方法，那么我们可以换一种思路，从已知条件出发，求出其中一些数，然后把求出的数与已知条件搭配，解决问题。

例如，一名中学生的一次考试，他的年龄、分数、名次的积为 2910，他的年龄、分数、名次各是多少？

这道题，已知条件只有“中学生”“年龄、分数、名次的积为 2910”，运用常规方法，很难解决问题。这时候，我们可以从“年龄、分数、名次的积为 2910”这个条件入手，分解质因数：$2910 = 2\times3\times5\times97$。再根据“中学生”“年龄”“分数”“名次”这些条件合理分配 2、3、5、97 这几个质因数，可以得出，年龄是 $3\times5 = 15$（岁），名次是 2（名），分数是 97（分）。

试一试 甲数比乙数大 9，两个数的积是 1620，求甲、乙两数。

分析 先将 1620 分解质因数：$1620 = 2\times2\times3\times3\times3\times3\times5$，然后根据“甲数比乙数大 9”这个条件对这些数进行搭配，发现 $1620 = 2\times2\times3\times3\times3\times3\times5 = 36\times45$，45 比 36 大 9。因此甲、乙两数分别是 45 和 36。

答案 甲数是 45，乙数是 36。

逃离熔塔洞

哪吒兄弟三人被困在熔塔洞的大火之中，因为三人都有法力护身，在大火中一时还没有生命危险，但是时间长了也不行。

哪吒说："一定要冲出去，咱们分头去找出口。"

"好！"金吒和木吒答应一声，分头去找。

金吒在烈火中左冲右突，突然看见了一个洞口，心中一喜，赶紧走去。刚接近洞口，"呼"的一声，一股烈焰从洞口喷出，吓得金吒一个空翻，逃离了洞口，可是把鞋烧坏了半只。

金吒心有余悸地继续寻找出口，发现旁边还有一个洞口，他小心靠近。只听"呼"的一声，又是一股烈焰从洞口喷出，他赶紧低下头，让烈焰从头上飞过，可是头发被烧焦了一大把。

兄弟三人又重新聚集在了一起。

金

金吒说："洞里有许多小洞，我往洞里一走，小洞里就喷出熊熊火焰。你们看，我的头发和鞋都烧坏了。"

哪吒说："我数了一下，小洞一共有 8 个，而且洞口都写有从 1 到 8 的编号。"

木吒突然想起了什么似的，忙从口袋里掏出一张纸条，说："这张纸条可能会帮助咱们脱离险境。"

哪吒忙问："哪儿来的？"

木吒说："是四小红孩儿中那个叫红孩小儿的给咱们的。"

金吒催促："快念念！"

木吒念道："想逃离熔塔洞吗？把下面的题目解出来。将 1、2、3、4、5、6、7、8 这 8 个数分成 3 组，每组中数字个数不限，要求这 3 组的和互不相等，而且最大的和是最小的和的 2 倍。找到写有最小的和的洞口，那就是你们的生路。"

金吒紧皱双眉："8 个数分成 3 组，每组中的数字又不限，这可怎么分啊？"

"可以这样来考虑。"哪吒说，"先从 1 到 8 做加法，求出它们的和。"

"我来求求。"金吒列出算式：

$$1+2+3+4+5+6+7+8$$
$$=(1+8)+(2+7)+(3+6)+(4+5)$$
$$=9\times4$$
$$=36$$

哪吒接着分析："和是36。题目要求把这8个数分成和互不相等的3组，所以我们可以把最小的和看作1。"

金吒问："看作1是什么意思？"

"这里的1就是1份的意思。这1份现在是多少还不知道。"哪吒解释，"由于最大的和是最小的和的2倍，所以最大的和可以看作2。"

"这2就是2份的意思，这个我知道。"金吒爱动脑筋，又问道，"可是中间那组的和应该是几呢？"

木吒也问："是啊，中间那组的和应该是几呢？"

哪吒说："中间那组的和应该在1和2之间，具体是几还不知道。"

金吒和木吒一起摇头："什么都不知道，这怎么算！"

"有办法算！"哪吒十分有信心，"我们暂时把中间那组的和看作1，做个除法：

$$36\div(1+1+2)$$
$$=36\div4$$
$$=9$$

然后，又把中间那组的和看作2，做个除法：

$$36\div(1+2+2)$$
$$=36\div5$$
$$=7.2$$

这说明最小的和大于7.2，又小于9，还必须是整数，你们说最小的和应该是几？”

金吒和木吒异口同声地回答：“是8。”

“妙！妙！”金吒竖起大拇指夸奖说，“三弟的算法实在是妙！最大的和是16，而中间那组的和是36 - 8 - 16 = 12，是12。”

哪吒一挥手：“走！咱们从8号洞口往外冲！”

“走！”兄弟三人顺利地从8号洞口冲出了熔塔洞。

出了熔塔洞，哪吒却发愁了：“咱们是来找父王的宝塔的，可是折腾了半天，连红孩儿的影子都还没看到哪！”

金吒双手一拍：“说的是呀！咱们让四小红孩儿牵着鼻子走了。这四小红孩儿比红孩儿还坏！”

“不一定。”木吒小声地说，“这四小红孩儿中，那个叫红孩小儿的可能是一个好孩子。如果不是他给咱们留了一张纸条，咱们怎么能顺利地冲出熔塔洞！”

哪吒问：“你能认出那个叫红孩小儿的吗？”

木吒摇摇头：“不好说，四小红孩儿长得实在太像了。不过，这个小孩要想帮咱们，就不会只帮咱们一次。咱们在周围找找，看看他还留下什么暗示没有。”

兄弟三人在周围仔细寻找。金吒找得最仔细，连石头缝、树背后都不放过。突然，金吒指着一棵大树的树洞叫道：“这里面有字！”

哪吒和木吒赶紧跑了过去。这是一个很大的树洞，里面写了几行字：

你们被我们骗了，你们刚才进的不是熔塔洞，而是烧人洞。我师父带着宝塔去了熔塔洞。要找到这个熔塔洞并不费事，只要朝正西的方向走一段路。这段路有多长呢？它等于下面6个方格中的数字之和：□□□＋□□□＝1996（千米）。

金吒摇摇头："这个小孩帮忙倒是帮忙，就是帮忙不帮到底，总出题考咱们。"

木吒笑着说："大哥知足吧！他已经够意思的了。再说，三弟数学好，这些题难不倒三弟。"

金吒指着算式说："这个问题可够难的！6个方格中的数字，一个也不知道，还硬要求这6个数字的和。怎样才能求出每个方格里的数字呢？"

哪吒说："这里没有必要求出每个方格里的数字，只要求出和就成了。"

木吒问："从哪儿入手考虑哪？"

哪吒反问："二哥，你说哪两个数相加最接近19呢？"

“只有 9 + 9 = 18，最接近 19。”

“对！由于这两个三位数的和是 1996，所以可以肯定这两个三位数的百位数和十位数都是 9。”

“对！不然的话，和的前三位数不可能是 199。”

“两个个位数之和是 16。这样一来，6 个方格中的数字之和是 $9\times4+16=36+16=52$。”

金吒开心地跳起来：“咱们要找的熔塔洞，只要朝正西方向走 52 千米就可以找到了。走！”

兄弟三人驾起云头，朝正西急驶而去。

名师在线

鸡兔同笼问题

鸡、兔同处一笼，已知鸡头和兔头共有35个，鸡脚与兔脚共94只，鸡和兔各多少只？

这个问题可以用假设法来解答。假设全是鸡，则相应的脚是35×2 = 70（只），与实际相比，减少了94 − 70 = 24（只）。其原因是把每一只兔当作一只鸡时，要少4 − 2 = 2（只）脚。也就是说，这24只脚是所有兔子少算的脚的总数。那么兔子有24÷2 = 12（只），鸡有35 − 12 = 23（只）。

对于鸡兔同笼问题，我们可以记住下面的口诀：

假设全是鸡，假设全是兔。
多了几只脚，少了几只足？
除以脚的差，便是鸡兔数。

试一试 面值2元、5元的人民币共27张，合计99元，那么面值2元、5元的人民币各有多少张？

分 析 这道题类似鸡兔同笼问题。假设全是面值2元的人民币，那么27张人民币是2×27 = 54（元），与实际相比，少了99 − 54 = 45（元）。少的原因是每把一张面值2元的人民币当作一张面值5元的人民币时，要少5 − 2 = 3（元），所以面值5元的人民币有45÷3 = 15（张），面值2元的有27 − 15 = 12（张）。

答 案 面值2元、5元的人民币各有12张、15张。

操练无敌长蛇阵

哪吒兄弟三人驾云很快找到了熔物的熔塔洞。刚到熔塔洞上端，就听到下面传来操练的声音：“一——二——三——四。”

哪吒手搭凉棚向下看，只见红孩儿正手拿小红旗，指挥一群小妖在操练阵式。

红孩儿在地上画出了一个 6×6 的方阵，有 10 名小妖呈三角形状站在方阵中（如下图）。红孩儿的六大健将云里雾、雾里云、急如火、快如风、兴烘掀、掀烘兴率众小妖站在一旁观阵。

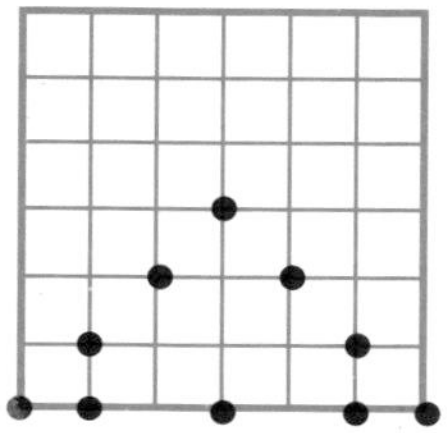

红孩儿对众小妖说：“金吒、木吒、哪吒三兄弟，不久

油炸金吒！
火烤木吒！
清炖哪吒！

就要杀过来，我要用这个‘无敌长蛇阵’来对付他们。”

众小妖振臂高呼：“油炸金吒，火烤木吒，清炖哪吒！”

哪吒在云头微微一笑：“吃咱们哥仨，还有油炸、火烤、清炖三种不同的吃法！”

红孩儿摇动手中的小红旗，让小妖安静下来：“孩儿们听着，我要从你们当中选出一名‘无敌长蛇阵’的领队，这个人一定要智力超群。”

众小妖纷纷举手：“我行！”“我智力超群！”“我如果身上粘满毛，比猴还精！”

“口说无凭，是骡子是马，拉出来遛遛！”红孩儿说，“阵中的10名弟兄，都站住交叉点处。谁能调动阵中的3名弟兄，使得调动后阵中的10名弟兄，站成5行，每行都有4名弟兄？”

听完红孩儿的话，小妖们你看看我，我看看你，没有一个吭声的。

哪吒一看时机已到，就跳下云头，口中念念有词，朝快如风一招手。快如风有如被强大的引力吸引一般，身不由主地飘了过来。哪吒在他头上轻轻拍了一掌，快如风立刻晕死过去了。哪吒摇身一变，变成了快如风，跑回到小妖当中。

哪吒变成的快如风高举右手，大喊：“大王，我会调动！”

红孩儿一扭头，见是爱将“快如风”，十分高兴：“快如风，你来试试。”

“快如风”往阵前一站，下达命令：“阵里的弟兄，听我指挥！”

“快如风”只调动了 3 名小妖，就完成了任务。红孩儿一数，果然 10 名小妖站成了 5 行，每行都有 4 名小妖（如下图）。

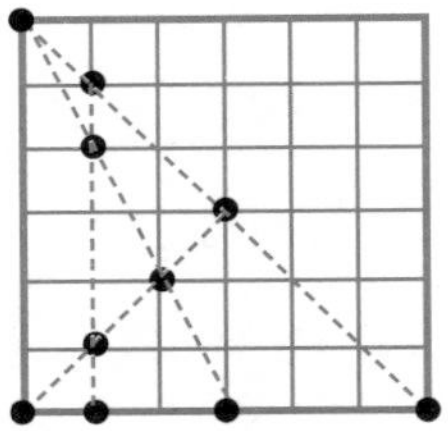

“好！我把指挥旗交给你。哪吒三兄弟只要陷入‘无敌长蛇阵’，我就让他们有来无回！”红孩儿说完，就把指挥旗交给了“快如风”。

“快如风”没有马上接旗，而是对红孩儿说：“大王，您先演示一下‘无敌长蛇阵’，我想一睹为快！”

“好！”红孩儿一指雾里云，“你往‘无敌长蛇阵’里攻！”

“得令！”雾里云大喊一声“冲”，挺起长枪就往“无敌长蛇阵”里攻。

红孩儿挥动手中的指挥旗往左一摇，阵中的小妖立刻闪开一条路，让雾里云冲进阵里。

待雾里云冲到了阵中央，红孩儿把旗向右一摇，10 名小妖立刻首尾相接，形成一条长蛇，弯弯曲曲地把雾里云缠在了中间。圈子越缠越小，小妖个个手执兵器，从各个方向朝雾里云进攻。雾里云顾前顾不了后，顾左顾不了右，身上多处受伤，情况十分危急。

红孩儿把指挥旗往上一举，大喊一声：“停！”阵中的小妖立刻停止了进攻。

“快如风”竖起大拇指，称赞道：“大王的‘无敌长蛇阵’果然厉害，天下无敌！”

红孩儿嘿嘿一笑：“俗话说‘毒蛇猛兽’，我的‘无敌长蛇阵’就是模仿毒蛇的缠绕战术，置敌于死地的！”

“快如风”突然问道：“那有没有破解‘无敌长蛇阵’之法？”

听到这个问题，红孩儿的脸上闪过一丝惊讶，他犹豫了一下，说：“天机不可泄漏！”

突然，被哪吒打昏的真快如风跑了过来，他捂着脑袋对红孩儿说：“大王，刚才我被哪吒打昏了。”他指向哪吒变成的快如风说：“他是假快如风，是哪吒变的。”

“啊？”红孩儿立刻眼露凶光，步步逼近哪吒：“你是哪吒？”

哪吒连连摆手：“大王，不能只听他的一面之词，我是真快如风。”

红孩儿眼珠一转，说：“你们两个人站在一起，让我闻闻你们身上的味道，就会真相大白。”

哪吒也不知道红孩儿葫芦里究竟卖的什么药，闻闻就闻闻吧！哪吒向前走了两步，和快如风站到了一起。

周围的小妖发出阵阵惊叹：“哇！两个快如风长得一模一样呀！”

红孩儿先走到哪吒变的快如风旁边，用鼻子仔细闻了闻，然后又走到真快如风身旁，用鼻子只闻了一下，立刻用手指向哪吒变的快如风，大喊：“他是假的，快给我拿下！”

听到命令，红孩儿的六大健将立刻率众小妖把哪吒团团围住。

哪吒喊了一声“变”，立刻恢复了原样。哪吒根本没把这群气势汹汹的小妖放在眼里，他问红孩儿：“奇怪了，你怎么能用鼻子分出真假？”

红孩儿狡黠地笑了：“快如风是个狐狸精，他身上的臊味特别大，老远就能闻出来。”接着他把右手的指挥旗一举：“冲！”

“冲！”六大健将各执手中武器，一齐朝哪吒冲来。哪吒抖动肩膀，大喊一声：“变！”立刻变成了三头六臂，六只手拿着斩妖剑、砍妖刀、缚妖索、降妖杵、绣球儿、火轮儿这六件兵器，正好一件兵器对付一名健将。

破解长蛇阵

这时金吒和木吒正在空中等待消息，他们一看哪吒被众妖围攻，大喊："三弟莫慌，为兄来也！"两个人立刻跳下云头，参加战斗。一时杀得砂石乱飞，乌云蔽日。

杀了足有一顿饭的工夫，小妖死伤无数，红孩儿的六大健将也个个带伤。红孩儿看时机已到，把手中的指挥旗往左一摇，"无敌长蛇阵"的小妖们立刻闪开一条路。金吒、木吒不知道"无敌长蛇阵"的厉害，立刻就往阵中冲。

哪吒一看急了，高声叫喊："不能进阵！"但是已经晚了，金吒和木吒已经冲进了"无敌长蛇阵"。

10 名小妖立刻首尾相接，形成一条长蛇，弯弯曲曲地把金吒和木吒缠在了中间。小妖们手执兵器，从各个方向朝金吒和木吒进攻。金吒和木吒一开始还能坚持，但随着长蛇阵不断地变化，转动的速度时快时慢，缠绕的圈子时大时小，他们慢慢有点支持不住了。

哪吒在阵外看得清楚，如果这样打下去，两位哥哥要吃亏的。哪吒大吼一声：“我来也!”飞身跃进阵中。兄弟三人聚在一起，共同对付这条“怪蛇”。

红孩儿见哪吒也进入阵中，立刻把指挥旗连摇两下，又有 100 名小妖加入阵中，“怪蛇”变成了一条“巨蟒”，把兄弟三人紧紧缠在中间。

哪吒心想：照这样打下去是不成的，要想办法破解这个长蛇阵才行。但破解的关键在哪儿呢？突然他想起“打蛇要打七寸”，虽然不知道这条巨蟒的七寸在哪儿，但可以试试朝着从头数第七个小妖打。

想到这儿，哪吒大喊一声：“接家伙!”手中的降妖杵直奔第七个小妖砸去，只听“嗷”的一声，这名小妖立刻倒地死去，现出原形——原来是个野狗精。

打死野狗精，长蛇阵立刻乱了阵形。哪吒三兄弟趁势一通猛打，长蛇阵瞬间四分五裂，小妖四处逃窜。

红孩儿挺起火尖枪迎战哪吒三兄弟。红孩儿虽然骁勇，但是双拳难敌四手，终因寡不敌众，败下阵来，带领手下的六大健将和剩余的小妖落荒而逃。

金吒刚要去追，哪吒拦住了他，说：“大哥，咱们这次

来的目的是找回父王的宝塔，还是赶紧进入熔塔洞找宝塔吧，和红孩儿的账以后再算。”

“好！”金吒快步来到熔塔洞的洞口。只见洞门紧闭，金吒抬起右脚，照着洞门“咚咚”狠命踢了两脚，洞门纹丝不动。

金吒正想再踹，突然发现洞门上有一个大圆圈，周围装有 13 个布包（如下图），他忙说：“你们看这是什么？”

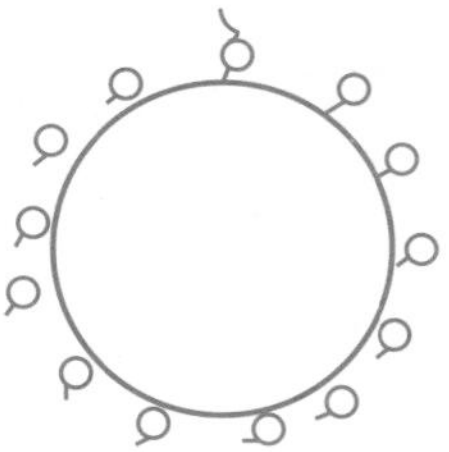

“旁边还有字。”木吒念道，“这个大圆的周围安装了13个威力强大的炸药包，其中有12个是往外爆炸的，只有1个向里爆炸，而只有找到这个向里爆炸的炸药包，才能把门炸开。如何找到这个向里爆炸的炸药包呢？从有长药捻的炸药包开始，按顺时针方向数，数到10000时，就是那个向里爆炸的炸药包。”

金吒瞪大了眼睛：“哇，要数10000次哪！那还不得把人数晕了？”

“一个一个去数，不是办法。”木吒摇摇头说，“万一数晕了，找到的不是向里爆炸而是向外爆炸的炸药包，咱们仨就完了！”

哪吒说：“数10000个数，由于是转着圈数，很多数都是白数。”

金吒问：“那怎么数才能不白数？”

“应该把转整数圈的数去掉。”哪吒说，“转一圈要数13个数，去掉13的整数倍，余下的数是真正要数的数。”

“对！”木吒说，“去掉13的整数倍的办法，是用13去除10000。”说着就在地上列出一个算式：

$$10000 \div 13 = 769 \cdots\cdots 3$$

哪吒看到这个算式，高兴地说：“太好了，只要从有长药捻的炸药包开始，按顺时针方向数，数到 3 就是要找的炸药包。”

木吒说：“这样做，我们少数了 769 圈。”

金吒挠挠头：“哎呀，如果一个一个地数，真数 769 圈，肯定会把人数晕了！”

随着“呀”的一声喊，哪吒腾空而起，用右手一指，一股火光直奔那个炸药包，只听“轰隆”一声巨响，熔塔洞的洞门被炸开了。

“进！”哪吒一招手，木吒和金吒鱼贯进入熔塔洞。

熔塔洞里漆黑一片，伸手不见五指。金吒小声问：“这

里面连个火星儿都没有，怎么熔塔呀？”

哪吒也觉得奇怪：“是啊，这……这哪儿像熔塔洞呀？”

说话的工夫，突然“轰”的一声，一股强光闪过，三人面前出现了一个巨大的熔炉，熔炉的火苗蹿起一丈多高。在熔炉上方吊着的正是李天王的宝塔。

金吒一跃而起，想拿到那个宝塔。只听“咚”的一声，金吒不知和什么东西撞了一下，然后重重地摔在了地上。

哪吒赶紧把大哥扶起，仔细一看，原来在熔炉的外面罩了一个透明的罩子，金吒就是撞在这个透明的罩子上了。

哪吒再仔细看，发现罩子上画有一个宝塔形状的图，宝塔的角上一共画了 7 个圆圈，圆圈之间都有一条线段连接（如下图）。

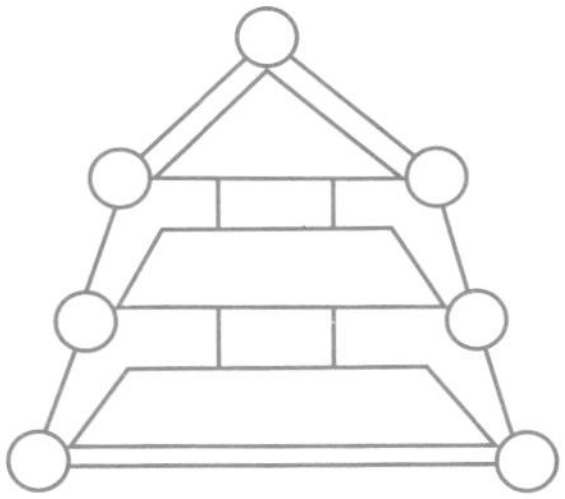

“这里有字。”木吒念道，“把 1 到 14 这 14 个连续自然数填到图中的 7 个圆圈和 7 条线段上，使得任一条线段

上的数都等于两端圆圈中的两个数之和。如能填对，罩子自动升起，可取出宝塔。”

金吒挠挠头说：“14 个数同时往里填，还要填对，这也太难了！”

木吒在一旁说：“大哥，为了取回宝塔，再难咱们也要填呀！”

哪吒想了想：“14 个数是多了些，如果同时考虑，必然容易混乱，咱们应该先从简单的数入手考虑。”

“1、2、3、4 最简单，是不是应该先考虑它们？”

“大哥说得对！由于任一条线段上的数都等于两端圆圈中的两个数之和，所以要把小数先填进圆圈中。”说着哪吒把 1 填到了“塔顶”的圈中，把 2 填到了左边“塔身”的圈中，把 3 填进了右边“塔基”的圈中，把 4 填进了右边“塔檐”的圈中，把 5 填进了 1 和 4 的连接线上（如下图）。

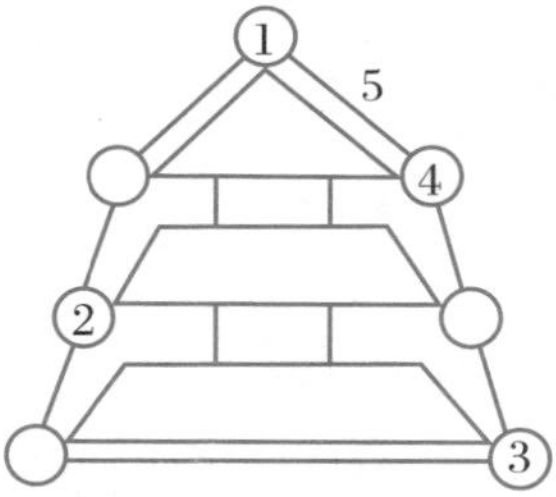

“我来填6、7、8。”金吒填了3个数，其中6填在左边“塔檐”的圈中，7填在1和6的连接线上，8填在6和2的连接线上（如下图）。

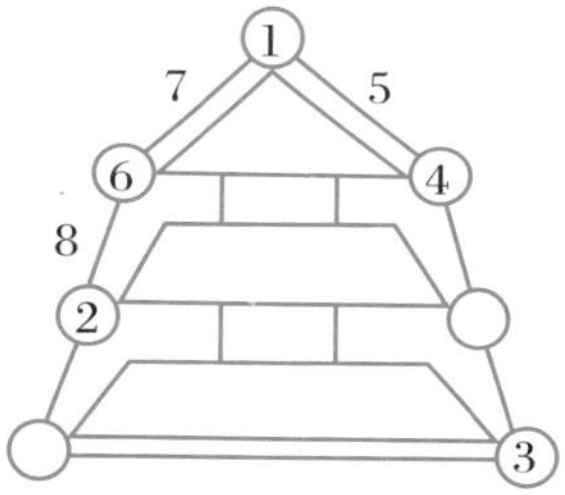

“我填9、11、12。”木吒也填了3个数，其中9填在左边“塔基”的圈中，11填在9和2的连接线上，12填在9和3的连接线上（如下图）。

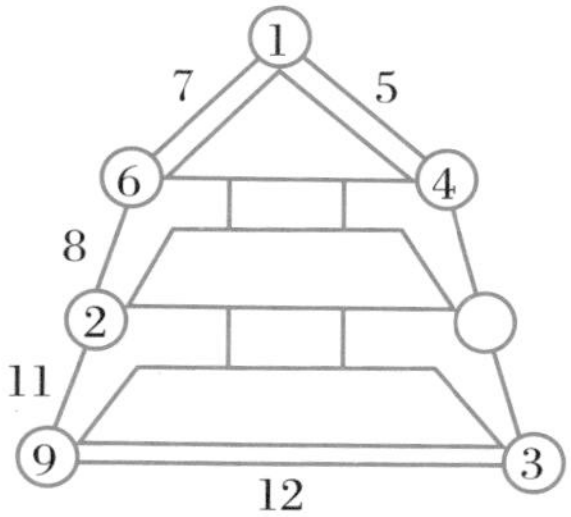

“我把剩下的数都填上吧！”哪吒把10填在右边“塔身”的圈中，把13填在3和10的连接线上，把14填在10和4的连接线上（如下图）。

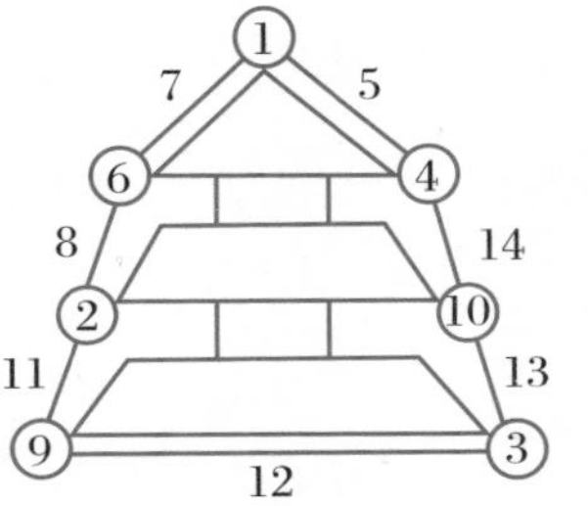

图刚刚填好，只听“呼”的一声，罩子升了上去。

“嗨！”木吒脚下一使劲，身子腾空而起，刚想去拿宝塔，忽然眼前红光一闪，三个小红孩儿每人手中都拿着一杆一丈八尺长的火尖枪，挡住了木吒的去路。另一个小红孩儿拿起宝塔，撒腿就跑。

木吒大叫：“宝塔被小红孩儿拿走了！”

名师在线

填数游戏

玩填数游戏时，先仔细观察图形，确定关键位置在顶点还是在中间。另外，要将所填的空位与所提供的数字联系起来。

例如，把 1~7 这七个数填到下面的圆圈内，使每一条线上三个数的和都相等。

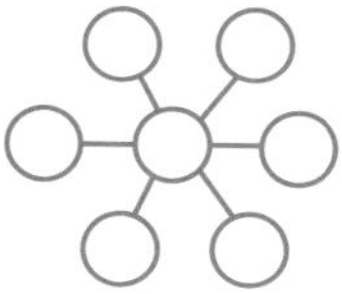

这个图形的关键位置是中间的圆圈。先把 1~7 这七个数相加：1 + 2 + 3 + 4 + 5 + 6 + 7 =（1 + 7）+（2 + 6）+（3 + 5）+ 4 = 8×3 + 4 = 28。从中可以看出，这七个数中两个数的和相等的有三组：1 + 7 = 2 + 6 = 3 + 5，只有 4 是单独的。因此，可以把 4 填在中间的圆圈中，1、7，2、6，3、5 两两相对，填在三条直线上。

也可以这样算：1 + 2 + 3 + 4 + 5 + 6 + 7 = 28，28÷3 = 9……1。中间的圆圈填 1，其他数分成和为 9 的三组填在三条直线上：2 + 7 = 3 + 6 = 4 + 5。

还可以这样算：1 + 2 + 3 + 4 + 5 + 6 + 7 = 28，28÷4 = 7 = 1 + 6 = 2 + 5 = 3 + 4。中间的圆圈填 7，其他三组数填在三条直线上。

新式武器火雷子

哪吒一看，立刻火冒三丈。他对两个哥哥说："你们俩去追那个拿宝塔的小红孩儿，这里的三个小红孩儿交给我了！"

"好！"金吒和木吒立刻去追。

"变！"哪吒大喊一声，立刻变成了三头六臂，手中的六件兵器同时向三个小红孩儿打去。三个小红孩儿深知哪吒的厉害，不敢怠慢，立刻挺起火尖枪相迎，"乒乒乓乓"杀在了一起。

再说一说金吒和木吒追赶拿宝塔的小红孩儿。尽管小红孩儿跑得快，可是金吒和木吒追得更急。

金吒边追边喊："把宝塔放下，可饶你一命！"

"还不知道谁输呢！"说完小红孩儿一扬手，扔过来一件东西。

"好！"金吒以为是宝塔，高兴地刚要去接，木吒看清楚扔过来的不是宝塔，而是个圆溜溜的家伙，怕中间有诈，情急之下猛拉一把金吒：“快走！”两个人跳出去老远。

两个人刚刚跳出，先是一阵火光闪起，接着“轰”的一声，圆溜溜的家伙炸开了，一团大火在半空中猛烈燃烧起来。

金吒吓得瞪大双眼，站在那里呆若木鸡。木吒擦了一把头上的汗，叫道：“好险啊！”

小红孩儿看着他俩哈哈大笑：“怎么样？好玩吧？你们记住了，这个宝贝叫‘火雷子’，是采集太阳的精华经千年煅烧而成。我这里有好几个，你们俩再尝一个？”说着左手

托塔，右手伸进怀里好像在摸什么东西。

一看小红孩儿又要掏火雷子，金吒高喊一声："快走！"拉起木吒，"嗖"的一声跑出去老远。

小红孩儿哈哈一笑，冲他俩招招手："拜拜！"托着宝塔就跑了。

金吒和木吒因为害怕火雷子，不敢去追。金吒眼看小红孩儿拿着宝塔跑了，急得哇哇乱叫。

这时，只听"咚"的一声响，从半空中扔下三个人来。金吒定睛一看，原来是三个小红孩儿，个个背捆着双手。

原来这三个小红孩儿和哪吒交手没过十个回合，就被哪吒打倒在地。哪吒将他们捆起来，带到了这里。

金吒说："三弟，那个拿走父王宝塔的小红孩儿有火雷子。这火雷子厉害无比，他刚才扔出了一个，若不是二弟拉了我一把，我就完了！他说他身上还带有好几个火雷子呢！"

哪吒问三个小红孩儿："那个拿走宝塔的是你们中的谁？"

三个小红孩儿异口同声地回答："是红孩小儿。"

听到这个名字，木吒脸上露出诧异的表情，他心想：怎么会是他呢？红孩小儿究竟是想帮还是不想帮我们？

哪吒又问："这个红孩小儿身上还有几个火雷子？这次

不许一齐回答，要一个一个地说。”

小小红孩儿说：“他身上至少有 10 个火雷子。”

红小孩儿说：“他身上的火雷子不到 10 个。”

红孩儿小说：“他身上至少有 1 个火雷子。”

金吒一瞪眼，说：“你们三个人，每人说的都不一样，到底谁说的是真的？”

小小红孩儿回答：“我们三个人，只有一个人说了实话。”

再问下去，三个小红孩儿就闭口不答。

金吒问哪吒：“三弟，你看怎么办？”

哪吒想了一下说：“咱们分析一下。首先，这三个小红

孩儿的回答中，只有一个是对的。这时有 3 种可能：‘对、错、错’，‘错、对、错’，‘错、错、对’。”

木吒接着分析：“第一种情况不可能。因为如果‘他身上至少有 10 个火雷子’是对的，那么‘他身上至少有 1 个火雷子’必然也是对的，这样就有两个对的了，就不是‘对、错、错’了。”

哪吒说：“第三种情况也不可能。因为‘他身上至少有 10 个火雷子’与‘他身上的火雷子不到 10 个’必然有一个是对的，不可能都错。这样就不可能是‘错、错、对’了。”

“只剩下第二种情况是对的了。”金吒开始分析，“第二种情况是‘错、对、错’，就是说‘他身上的火雷子不到 10 个’是对的，可是不到 10 个，有可能是 0 个、1 个、2 个、3 个一直到 9 个呀，到底是几个还是不知道啊！”

金吒分析了半天，也没分析出任何结果。三个小红孩儿听了哈哈大笑。金吒恼羞成怒，举拳就要打，哪吒赶紧拦住。

哪吒说：“大哥，你还没分析完。虽然说‘他身上的火雷子不到 10 个’是对的，可是‘他身上至少有 1 个火雷子’是错的。这说明红孩小儿身上 1 个火雷子都没有了。”

“哇！”金吒跳起一丈多高，“红孩小儿在蒙咱们哪！

他身上没有火雷子啦！那咱们还怕他什么！追！”

可是回头再找红孩小儿，已经踪影全无了。

金吒问三个小红孩儿：“红孩小儿跑到哪里去了？”

红小孩儿回答：“红孩小儿是我们四个人中最鬼的一个，他往哪里跑，谁也不知道。”

木吒突然想起，这个红孩小儿有个习惯，他到哪儿去，总喜欢把要去的地方编成一道数学题留下来。这次他会不会也这样做呢？

想到这儿，木吒开始在周围仔细寻找。

金吒不知道他在干什么，就问：“二弟，你在找什么呢？”

木吒随口回答：“我也不知道我在找什么！”

“嘿！真奇怪了，你不知道找什么，你怎么找啊？”

突然，木吒发现了一片竹片，他拣起翻过来一看，竹片背面密密麻麻写了好多字。

木吒高兴地说：“找到了！”

名师在线

矛盾律的运用

矛盾律要求在同一思维过程中，对同一对象，不能既肯定它，同时又否定它。如，不能说“他是男人”，同时又说“他是女人”。矛盾律要求思想前后一贯，不能自相矛盾。

比如，楚国有个卖矛和盾的人，先吹嘘自己的盾什么东西也扎不透；接着又吹嘘自己的矛什么东西都能扎透。这个楚国人的话中蕴涵了两个判断：①我的矛不能刺穿我的盾；②我的矛能刺穿我的盾。这两个判断自相矛盾，就违反了矛盾律。

我们来看看矛盾律的运用：甲、乙、丙三个同学同时做一道题，做完以后三人对了题，甲说：“我错了。”乙说：“甲对了。”丙说：“我对了。”三人向老师请教，老师说：“你们有一人的答案正确，有一人的看法错误。根据逻辑规律，你们自己分析一下，谁的答案正确？谁的看法错误？”

甲、乙、丙三人中，甲与乙的看法是矛盾的，根据矛盾律可知，二人的看法不能同时为真，必有一假，而老师说只有一个人的看法错误。那么，丙说的一定是对的，而丙说“我对了”，正好说明丙的答案正确。而乙说“甲对了”，正好是那个错误的看法。

综上所述，丙的答案正确，乙的看法错误。

夺回宝塔

木吒发现了一片竹片，翻过竹片，只见背面写着：

要找我，先向北走m千米。m在下面一排数中，这排数是按某种规律排列的：

4，9，16，m，36，49。

然后再向东走n千米，n是下列数列1，5，9，13，17，…的第10个数，这列数也是有规律的。

金吒挠着自己的脑袋，说：“第一列数有什么规律？我怎么看不出来呀？”

“要仔细观察这一列数，看看它们有什么特点。嗯——”哪吒双手一拍，“看出来啦！这里面的每一个数，都是一个自然数的自乘。你们看！4 = 2×2，9 = 3×3，16 = 4×4，36 = 6×6，49 = 7×7。”

“规律找到了！”哪吒高兴地说，“这一列数的排列规

律是：2×2，3×3，4×4，6×6，7×7。这中间缺了什么？”

木吒看了一下说：“5×5！而5×5 = 25，m应该等于25。哇！找红孩小儿要先向北走25千米！”

金吒也想试试：“第二列数是1，5，9，13，17，…，从1到5，缺了2、3、4；从5到9缺了6、7、8。可是这些数有什么规律呢？”金吒摸着脑袋，声音越来越小。

哪吒提醒说：“大哥，你别把注意力都集中在缺什么数上，要注意观察相邻两数之间间隔了几个数。”

金吒赶忙说：“我会了，我会了。相邻两数之间，都间隔了 3 个数。1 和 5 之间间隔了 2、3、4，5 和 9 之间间隔了 6、7、8。所以咱们按照这个规律依次数下去就可以啦！哈哈！”

哪吒补充道：“也可以这样想，因为 $1=1$，$5=1+4$，$9=1+4\times2$，$13=1+4\times3$，$17=1+4\times4$，依此类推，第 10 个数为 $1+4\times9=37$，$n=37$。”

“先向北追 25 千米，然后再向东追 37 千米。大哥，二哥，咱们追红孩小儿去！”哪吒一招手，弟兄三人腾空而起，向北追去。

弟兄三人正驾云往前疾行，忽听有人在下面喊叫：“哪吒，哪吒，我在这儿！”

哪吒低头一看，正是红孩小儿在叫他。哪吒向二位哥哥说：“我下去看看。”说完他按下云头，落到地面。

哪吒问红孩小儿：“宝塔呢？”

红孩小儿没搭话，用手指了指旁边的一个山洞。哪吒走近几步，仔细观察这个山洞。洞口很小，直径只有半米左右，洞里黑咕隆咚的，鸦雀无声。

金吒和木吒也凑了过来。金吒说：“三弟，我进去看看！”说完就要往洞里钻。哪吒一把拉住金吒：“大哥，慢着！”

金吒问："怎么了？"

"留神洞里有诈！"哪吒说，"红孩儿十分狡猾，他擅长布置圈套，让别人来钻，我们不得不防。"

"那怎么办？难道咱们就在外面傻等着？"

"这个……"哪吒低头沉思了一会儿，"这样办。"

哪吒突然伸出右手，一把揪住红孩小儿的胸口，把他从地上举起，大声说道："好个红孩小儿！你和红孩儿串通一气，早在山洞里布置好了暗道机关，诱骗我们进山洞，好把我们消灭在山洞里。今天不能留着你，我要把你活活摔死！嗨！"随着一声呐喊，哪吒把红孩小儿高高举过头顶。

这一下可把红孩小儿吓坏了，他一边蹬腿，一边高喊：“师父救命！圣婴大王救命！”

“哪吒小儿住手！”随着一声叫喊，红孩儿从洞中飞了出来。他用手中的火尖枪一指哪吒：“哪吒！别拿我的小徒儿说事，有本事冲我圣婴大王来！”

“手下败将，还我宝塔！”哪吒丢下红孩小儿，手执乾坤圈迎了上去，金吒和木吒也不敢怠慢，各执武器围了上去，把红孩儿围在中间，开始了一场恶战！

十年不见，红孩儿的功夫大有长进，哪吒兄弟三人一时也奈何不了他，反而是红孩儿越战越勇。

突然，红孩儿大叫：“红孩小儿，快进洞把宝塔毁了！”

“是！”红孩小儿撒腿就往洞里钻。

木吒一看不好，手执铁棍立刻跳了过去，挡住了红孩小儿的去路。红孩小儿抽出双刀，和木吒战在了一起。

红孩小儿哪里是木吒的对手，几个回合下来，招数也乱了，头上的汗也下来了。他突然向空中大喊：“师兄、师弟，快来救我！”

话音刚落，只听得：“我们来了！”紧接着“嗖”“嗖”“嗖”三声，小小红孩儿、红小孩儿、红孩儿小从空中落下，四小红孩儿把木吒围在了中间。

正当两圈八个人杀得天昏地暗，突然西方闪出万道霞光，只见托塔天王李靖带领巨灵神、大力金刚、鱼肚将、药叉将等众天兵天将出现在空中。

李天王一指红孩儿：“大胆红孩儿，还不快把宝塔归还于我！”

红孩儿嘿嘿一阵冷笑：“李天官，宝塔就在洞里，有本事自己去取！”

哪吒赶忙提醒：“父王，红孩儿在山洞里布置好了暗道机关，万万不能上他的当！”

李天王眉头微皱，嘿嘿一笑：“雕虫小技，能奈我何？”说完口中念念有词，用手向山洞一指，只听“轰隆隆”震天动地一响，整个山被炸飞，一座顶天立地的宝塔出现在众人的面前。

“来！”李天王向宝塔轻轻招了招手，宝塔腾空而起，轻飘飘地向李天王手中飞来，而且越变越小，最后变成一座金光闪闪的小宝塔，落入李天王的手掌中。

红孩儿一看此景，知道大势已去，长叹一声，带着四小红孩儿化作一道红光，向南方逃去。

哪吒刚想去追，李天王摆摆手：“放他一条活路吧！”说完带领着三个太子和众天兵天将，班师回朝。

名师在线

寻找数列的规律

数列就是按一定次序排列的一列数，如1，2，3，4，6，7，…。寻找数列的规律是我们常常要面对的问题。下面我们就来说说寻找数列规律的方法和技巧。

1. 规律蕴含在相邻的两个数的差中。如100，95，90，85，80，…，前一项减去与其相邻的后一项，差为5。

2. 规律蕴含在相邻的两个数的倍数中。如1，2，4，8，16，…，前一项乘以2等于与其相邻的后一项。

3. 规律蕴含在间隔的项之间。如12，15，17，30，22，45，27，60，…，前后两个数中不存在规律，但间隔项之间存在规律。这里单数项的规律是后一项比前一项大5，偶数项的规律是后一项比前一项大15。

4. 以组为单位蕴含一定的规律。如1，0，0，1，1，0，0，1，…，从左至右，每四项为一组，每组都是“1，0，0，1”四个数字。又如1，1，2，3，5，8，13，21，34，…，从左至右，每相邻的三项为一组，每组中最后一个数是前两个数的和。

5. 规律蕴含在单个数的特征上。有些数列与前后项无关，只与单个数有关。如1，4，9，16，…，这个数列中的每个数就是某个数的平方，可以分别看成1的平方，2的平方，3的平方，4的平方……

猪八戒新传

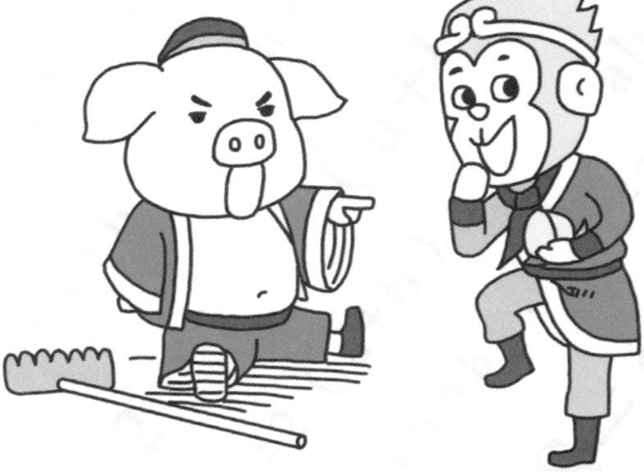

虚张声势

唐僧师徒正往前走，悟空发现前面的树林上空妖雾笼罩，八戒自告奋勇前去探个虚实。

走了没一会儿，八戒慌慌张张跑回来，大声叫道："师父，不好啦！前面树林里有一大群妖精，男妖精青面獠牙，女妖精披头散发，吓死人啦！"

唐僧一听，吓得面如土色。悟空忙问："八戒，你看那儿有多少妖精啊？""多啦！"八戒说，"我看足有一百多个！"

悟空眼珠一转，问道："那些妖精在干什么呢？"

"嗯……"八戒摸了一下脑袋说，"围坐成一圈儿，好像在玩什么游戏。只见一个男妖精站起来说：'我看男的恰好是女的一半。'又站起一个女妖精说：'我看男的和女的一样多。'我赶紧跑回来了，后面他们说了什么我没听见。"

悟空嘿嘿一笑，抡起金箍棒朝着八戒的屁股就是一棒。

八戒捂着屁股大叫："哎哟！疼死我啦！你为什么打我？"

"为什么打你？"悟空用金箍棒指着八戒的鼻子问，"你快说实话，到底有多少妖精？"

八戒赶忙回答："有五六十个；不，有二三十个；不，我没看清楚。"

沙和尚在一旁摇摇头说："从一百多个到二三十个，二师兄说话也太离谱了！"

"哪里有那么多妖精！"悟空说，"总共才 7 个，其中 3 个男妖、4 个女妖。你想，让一个男妖看，他看到的是 2 个男妖 4 个女妖，男妖恰好是女妖的一半；而让一个女妖看，她看到的是 3 个男妖 3 个女妖，男妖女妖一样多。"

悟空让八戒去斗 4 个女妖，自己去斗 3 个男妖，沙和尚留下保护师父。八戒不情愿地拖着钉耙朝树林走去，嘴里小声嘀咕着："倒霉！ 4 个女妖精不好对付，偏偏叫我去！"

抽数谎破

这一日，骄阳似火，孙悟空对师父说："徒儿去弄点泉水和野果来。"八戒立刻凑了上去说："徒儿去化点馒头和米粥来。"唐僧点头答应。

八戒来到一片西瓜地，他见左右无人，摇身一变，变成一头小野猪，钻进西瓜地里大吃起西瓜来。忽然，一只老虎猛扑过来，小野猪扭头就跑，老虎紧追不舍。八戒急了，就地一滚，恢复了原样，只见他抡起钉耙就打老虎，可定睛一看，哪里还有什么老虎，分明就是孙悟空站在面前。

悟空问："八戒，你偷吃了多少西瓜？"

八戒摇摇头说："一个没吃，敢对老天发誓！"

"真的，一个也没吃，这全是真心话。"八戒嘴里嘟哝着。

悟空接过话茬说："是真话还是谎话我自然会知道。"说着，从怀中取出 10 片同样大小的竹片，上面分别写着从 1 到 10 十个数字。悟空左右手各拿 5 片竹片，把写着数的一面朝下，对八戒说：“你背着我，从我的两手中各抽一片竹片，记住竹片上写的数，然后再插回来。我翻过来一看，如果我能说出你抽的是哪两片竹片，就说明你说的是真话还是谎话我全知道。”

“有这种事？”八戒半信半疑地从悟空的左右手各抽出一片竹片，默记住上面的数字后又插了回去。

悟空把两手的竹片翻过来一看，说：“你抽的竹片，一片上写着3，一片上写着8，对不对？”

“嘿！还真对啦！”八戒连抽了几次，每次都被孙悟空说中。八戒服了，承认自己偷吃了18个大西瓜。

八戒问：“猴哥，你究竟要的是什么把戏？”

悟空把左手一举说：“这 5 片上写的都是偶数。”接着他把右手一举说：“而这 5 片呢，写的都是奇数，当你抽走两片竹片的时候，我把左右手的竹片迅速交换一下。在你往回插的时候，肯定把一片写着偶数的竹片插到写着奇数的竹片里，一片写着奇数的竹片插到写着偶数的竹片里。我把竹片翻过来，一眼就看出你插进的那两片竹片了。”

八戒一跺脚说：“咳，我让奇偶数骗了！”

名师在线

碰运气的“转糖摊”

以前，在城镇的大路边，有一种赌输赢的小摊，叫转糖摊。所谓转糖摊，就是在一块圆盘上画 12 个扇形格子，按顺序编上号；用一根粗铁丝穿过圆盘中心，做成可以转动的轴，轴的上端向外垂直伸出一根悬臂，悬臂一端吊一根绳子，绳头上有一个铅锤（如下图）。

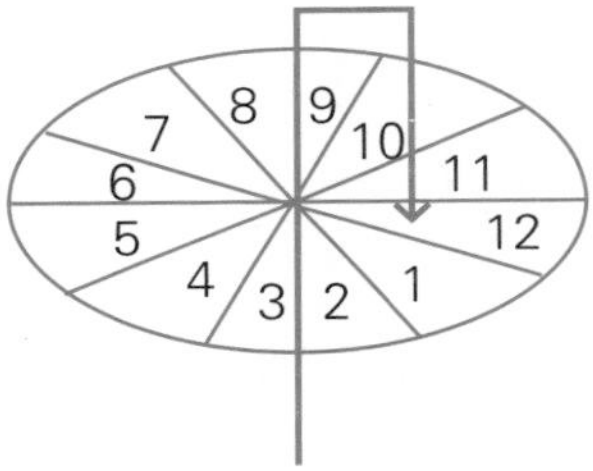

摊主在编号为奇数的格子里，放上均价 10 元的物品，在编号为偶数的格子里放上均价 5 角钱的小糖果。谁交 1 元钱，就可以转动一下圆盘。等停止转动后，铅锤指到哪一格，便根据那格的编号数，从下一格起，往下数这个编号数，数到哪一格，格子里的物品就归谁。

如果你去玩，必输无疑！原因很简单，奇数 + 奇数 = 偶数，偶数 + 偶数 = 偶数。按规定的做法，不管你得几，最后都将数到偶数格子。比如，你转了个奇数 3，按规则，还需往下数 3 格，数到编号为 6 的格子，6 是个偶数，你就亏了 5 角钱。又如，你转了个偶数 4，4 + 4 = 8，8 也是个偶数，你还是亏了 5 角钱。

脑门起包

师徒四人走得很累，唐僧让大家原地休息。八戒小声对悟空说：“猴哥，咱俩玩点什么，好吗？”

孙悟空找来好多小石子，从 1 个一堆、2 个一堆……一直到 9 个一堆，一共摆了 9 堆。

孙悟空说：“咱俩抢 15 吧。”

“抢 15？怎么个抢法？”八戒很感兴趣。

悟空说：“很简单。咱俩一先一后地取石子，每次只能取一堆，谁先取到 15 个小石子就算谁赢。输了要被弹一下脑门儿。”

“好吧，我先拿。”八戒心想，这还不容易，9 加 6 就是 15。八戒伸手就抓走 9 个的那一堆，悟空不敢怠慢，赶紧拿走 6 个的一堆。

八戒心中暗骂，这个猴头真坏，破坏了我的计谋！八戒只好又拿了 5 个的一堆，悟空伸手拿走只有 1 个的那堆。八戒一想：坏了，我手中已有 14 个小石子，1 个的那一堆又被猴头拿走，不管我再拿哪一堆，总数都要超过 15。结果八戒输了，脑门被重重地弹了一下。

八戒连着抢先拿了三次，结果都输了，脑门被弹了三次，起了一个不大不小的包。

八戒捂着脑门对悟空说："你先拿吧，先拿吃亏。"

"可以。"悟空伸手抓起了 5 个的那一堆，八戒抓起 9 个的一堆，悟空抓起 6 个的一堆。八戒心想：我不能拿多的了，不然的话又超过 15 了。他抓起 1 个的一堆，悟空把 4 个的一堆抓到手说："我抢到 15 啦！认输吧！"

又连玩三次，悟空每次都先抓起 5 个的那一堆，每次都赢。手摸着脑门上越来越大的包，八戒宣布不玩了。

八戒问："猴哥，你为什么先拿 5 个的那一堆呢？"

悟空笑嘻嘻地对八戒说："我在太上老君那儿，看到一个九宫图（如右图）：第一行的三格中依次是 4、9、2，第二行的三格中依次是 3、5、7，第三行的三格中依次是 8、1、6。不管你是横着加、竖着加，还是斜着加，3 个数之和都得 15。5 居中央，有 4 种方法可以得 15，而别的数居中央则只有 3 种方法，所以，我先取 5。"悟空边说边画起了九宫图。

4	9	2
3	5	7
8	1	6

八戒懊恼地哼了一下，一拍脑门，不偏不倚正好打在那个包上。

名师在线

人民币面值的奥秘

在第五套人民币发行之前，我国的小额人民币只有 1 元、2 元、5 元三种，你知道这是为什么吗？

其实这里有一个数学道理。人民币作为一种流通货币，银行在发行时就考虑到货币的票额品种要尽量少，并且容易组成 1 至 9 这九个数字。这样既可以完成货币的使命，又可以减少流通中的麻烦。经过挑选，1、2、5 脱颖而出，成为最佳组合之一。因为用 1、2、5 这三个数可以组成 10 以内的其他任何数，而且所用的票数最多也只有 3 个，如：1 + 2 = 3，2 + 2 = 4，5 + 1 = 6，5 + 2 = 7，5 + 2 + 1 = 8，5 + 2 + 2 = 9。所以，只要 1 元、2 元、5 元三种面额就足够用了。

另外，除了 1、2、5 这一组合外，还有 1、3、5 也是符合前面两个组合要求的，用它们也能组成 10 以内的其他任何数，如：1 + 1 = 2，3 + 1 = 4，5 + 1 = 6，5 + 1 + 1 = 7，5 + 3 = 8，5 + 3 + 1 = 9。因此，第二套人民币中也出现过 3 元面值的钞票，但是因为 3 元面值的流通性不合理，所以在第三套人民币发行时就被淘汰了。

而随着经济的发展，可以用到 2 元面值的商品越来越少，2 元面值的流通性就没有那么重要了，因此，2 元面值在第五套人民币中就没有发行了。

蜜桃方阵

八戒不知从哪儿采来一些大蜜桃，他对悟空说：“猴哥，替我看着点，我再去采一些回来。”

八戒刚要离开，心里一琢磨，不行，猴头最爱吃桃，如果他趁我不在偷吃几个怎么办？他灵机一动，把采来的蜜桃摆成一个正方形（如下图）。

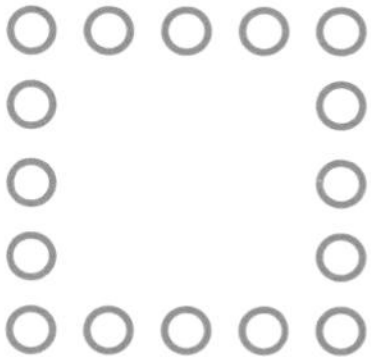

八戒说：“我摆的这个方阵，每边都有 5 个桃子，猴哥，你给我好好看着，少了可不成。”

悟空笑着对八戒摆摆手：“放心吧！保证每边 5 个桃子，绝不会少。”没过一会儿，八戒又采来几串野葡萄，他刚要递给悟空，只见蜜桃方阵变成了圆形的，桃子有的两个摆在一起，有的一个单独摆着（如下图），不禁愣住了。

八戒问："猴哥，这桃子好像少了许多？"

"没有的事！"悟空把眼睛一瞪，"你数一数，每边是不是5个！"八戒一数，每边仍是5个桃子。

悟空一本正经地说："我闲来无事，把它们重新摆了摆，个数不少，你快去采野果子吧！"说完从八戒手中接过野葡萄。

八戒半信半疑，转身走了。

八戒走远了，悟空捂着嘴呵呵暗笑："真是个呆子，原来的摆法有 16 个桃子，我这么一变动就剩下 12 个桃子了。"说着他从衣袋里掏出那 4 个桃子看了看，又从方阵中拿走 2 个桃子，一起藏了起来。

眨眼间，八戒又背回一袋野山梨。只见蜜桃变成了 4 堆，左边的两堆，一堆是 4 个，一堆是 1 个；右边的两堆，个数与左边的相反（如下图）。

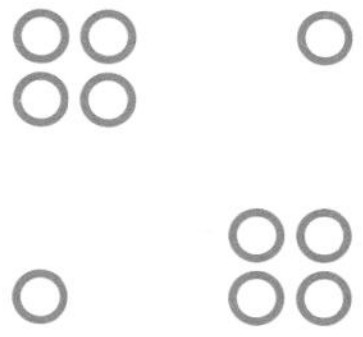

猪八戒简直不敢相信自己的眼睛："怎么桃子就剩下这么几个啦？"

"不少，不少！"悟空指着桃子说，"每边 5 个，你自己数嘛！"

八戒一数，每边确实是 5 个桃子。八戒拍着脑袋心想：这是怎么搞的？

名师在线

突破习惯思维的束缚

有些问题，若我们突破习惯思维去思考，就能迎刃而解。

例如：图 1 中有 9 个点，试一笔画出 4 条直线，把这 9 个点连接起来（从何处起头都行，直线可以交叉，但不能重合）。

一笔画出 4 条直线，似乎难以穿过这 9 个点，这是因为我们不容易想到将直线延伸到这 9 个点的范围之外。如果能突破习惯思维的束缚，则便可如图 2 一样，一笔画出 4 条直线，使它通过这 9 个点。

图 1

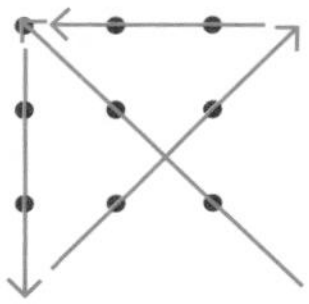

图 2

又如：在一张纸上，挖出一个直径为 2 厘米的圆，并将一个直径为 3 厘米的硬币穿过去。你觉得这可能吗？

我们只需将这张纸沿着圆的一条直径折起来（如图 3），再将半圆弧 ACB 拉直成线段 AB（如图 4），则线段 AB 的长为 π 厘米，而 $\pi>3$，因此，可将直径为 3 厘米的硬币穿过去。

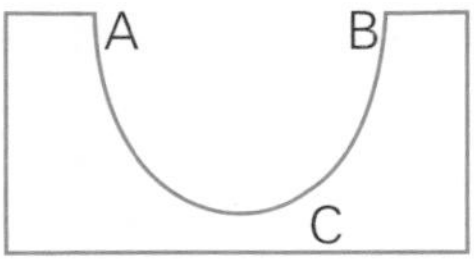

图 3

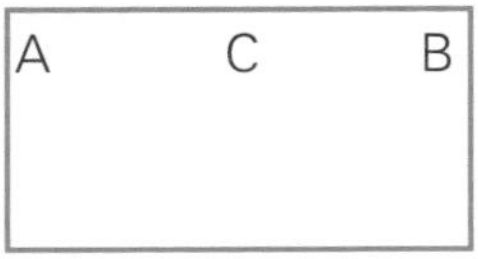

图 4

斗鳄鱼精

一条河挡住了去路，八戒自告奋勇到前面探路，他选水浅的地方蹚水过河。突然，八戒的右腿被什么东西碰了一下，他低头一看，顿时吓了一跳：一条巨大的鳄鱼用它那长满利齿的大嘴，把他的右腿咬住了。

“大胆畜生，竟敢咬你猪爷爷，看耙！”八戒抡起七齿钉耙狠狠地向鳄鱼砸去。鳄鱼见八戒来势凶猛，急忙张开嘴，一头扎进了水里。

猪八戒刚想歇口气，突然鳄鱼扬起尾巴向他横扫过来。鳄鱼的尾巴非常有力，八戒立刻被击晕，鳄鱼把他拖回了自己的巢穴。

鳄鱼高兴极了，自言自语地说：“这笨头笨脑的肥猪，够我吃两天的了。”

八戒醒来听鳄鱼说他笨，气不打一处来，大喊道：“我才不笨哪！”

“不笨？我来考考你。”鳄鱼走近八戒说，“你若答对了，我放了你；你若答错了，我一口把你的笨脑袋咬下来。你看怎么样？”

“好，咱们一言为定。”八戒心想，一会儿猴哥准会来救我！

鳄鱼说：“我是长尾鳄鱼精，我的尾巴是头长的3倍，身体只有尾巴的一半长。知道我的身体和尾巴加在一起长13.5米，你算算，我的头有多长？”

“这个……”八戒心中暗暗叫苦。

鳄鱼问：“你究竟会不会？”

“会，会。”八戒赶忙回答，“我把你分成若干等份，头算 1 份，尾巴是头的 3 倍，尾巴就是 3 份啦！”

鳄鱼问：“我的身体又占几份呢？”

“你的身体是尾巴长的一半，尾巴既然占了 3 份，身体只能占 $\frac{3}{2}$ 份喽。这样一来，你的总长就是 $1+\frac{3}{2}+3=5\frac{1}{2}$ 份。好啦，我老猪给你算出来了。”八戒说完就报了个算式：

$$\text{鳄鱼头长}=13.5\div\left(1+\frac{3}{2}+3\right)$$
$$=13.5\div\frac{11}{2}$$
$$=2\frac{5}{11}\text{（米）}$$

鳄鱼恶狠狠地瞪着八戒问：“你做得对吗？”

“对，没错！错了你咬下我的脑袋！”八戒刚说到这儿，一只说不出名字的小虫在八戒耳朵上狠狠地咬了一口。八戒刚想喊，只听悟空的声音：“八戒，你算错了，13.5 米只是它的身体和尾巴的长度，不包括头长。应该是 $13.5\div(\frac{3}{2}+3)=13.5\times\frac{2}{9}=3$（米）。”

八戒刚想改口，只听鳄鱼说：“什么没错？我头长 3 米，你给我算小啦！我咬下你的猪脑袋吧！”说完张开大嘴就要咬。突然，鳄鱼觉得嘴合不上了，原来悟空把金箍棒支在了它的嘴里。八戒趁机抡起钉耙在鳄鱼精身上一通乱砸，直到砸死才停手。

名师在线

丢番图的墓碑

古往今来，不少数学家的墓碑，往往只是刻着一个图形或写着一个数，表示他们一生执着的追求和闪亮的业绩。如德国数学家鲁道夫，把毕生精力放在求解圆周率的更精确的值上，最后把圆周率算到小数点后35位。他的墓碑上，只刻着这个π值：π = 3.14159265358979323846264338327950288。

被誉为“代数学鼻祖”的古希腊数学家丢番图的墓志铭可以说是一个少见的例外，上面是这样写的：过路人，这里埋着丢番图的骨灰，下面的数目可以告诉你他寿命多长。他生命的六分之一是幸福的童年；再活十二分之一，唇上长起了细细的胡须；又度过了一生的七分之一他才结婚；再过五年，他有了一个儿子，感到很幸福；可是儿子只活了父亲的一半；儿子死后，他在极度悲痛中活了四年，也与世长辞了。这道刻在墓碑上的难题，吸引了不少数学爱好者，你也来算一算吧！

方法一：由题意可知，他的岁数应是6、12、7、2的公倍数，而这些数的最小公倍数是84。因为人的年龄目前没有达到168岁的，所以他的岁数是84岁。

方法二：设丢番图寿命为 x 岁。列方程：$\frac{x}{6}+\frac{x}{12}+\frac{x}{7}+5+\frac{x}{2}+4=x$。解得：$x=84$。

方法三：$(5+4)\div(1-\frac{1}{6}-\frac{1}{7}-\frac{1}{12}-\frac{1}{2})=84$。

骗饭挨打

八戒听到前面有吹吹打打的声音，精神为之一振。他对唐僧说：“师父，前面有人家办喜事，我去讨点好吃的。”说完也不等师父答应，撒腿就跑。

来到村里，果然有一户人家在办喜事，外面摆了许多方桌，门上贴着大红喜字，人来客往，好不热闹。一名妇女正在洗刷一大摞碗。八戒走了过去，双手合十说：“女施主，弟子乃东土僧人，去西天取经路过此地，请女施主施舍点饭菜。”

洗碗的妇女看了八戒一眼说：“我们家主人不知道今天能来多少客人，心里十分不痛快，我不能给呀！”

八戒十分纳闷，问道：“客人是你们主人请的，他自己会不知道？”

“客人是管账先生代请的。管账先生家里有点儿急事走了，临走前他告诉我，2 个人给 1 碗饭，3 个人给 1 碗鸡蛋羹，

4个人给1碗肉，一共需要65只碗。可是能来多少客人，他却没说。”洗碗的妇女一五一十地对八戒讲。

八戒闻到飘来的阵阵肉香、馒头香，馋得实在受不了，他咳嗽了一声说：“女施主，我给你算一算，你给我点吃的吧！”

洗碗的妇女听说八戒能算出多少客人，急忙把主人请来。主人是个五十开外的胖老头儿，他叫人给八戒拿来两个大馒头，八戒也不客气，一转眼吃完了。

八戒摇摇头说：“两个馒头可不成，再来8个我才算。”主人又叫人拿了8个大馒头，八戒风卷残云一样都吃了，然后一拍肚子说：“今天能来100位客人！”

主人一听来100位客人，急忙让人查看一下准备的东西够不够。

“慢着！”洗碗的妇女拦住了大家。她说：“我看这个肥头大耳的和尚是来骗饭吃的。如果能来100人，按2人1碗饭来算，就需要50只碗，按4人1碗肉来算，又要25只碗，这两项加起来就是75只碗。可是管账先生只让我准备了65只碗。他算得根本不对，打这个骗子！”

洗碗的妇女一声令下，大家围上来拳打脚踢，打得八戒

一个劲儿地叫“哎哟、哎哟”。

“住手！”声到人到，悟空突然飘然而至。悟空向大家一抱拳，说：“我师弟算错了，我来算。只要能算出一位客人占几只碗，问题就解决了。2 人 1 碗饭，每人占 $\frac{1}{2}$ 只碗；3 人 1 碗羹，每人占 $\frac{1}{3}$ 只碗；4 人 1 碗肉，每人占 $\frac{1}{4}$ 只碗，合起来每人占 $\frac{1}{2}+\frac{1}{3}+\frac{1}{4}=\frac{13}{12}$ 只碗，请来的客人数是 $65\div\frac{13}{12}=60$（人）。”

主人非常高兴，送给他们两口袋馒头。

智斗虎精

唐僧指派八戒去化些斋饭来。八戒听说找饭吃，就高高兴兴一溜小跑去了。

老虎精见肥头大耳的八戒哼着小曲走来，心中大喜："好一头肥猪，我要把他捉到手，美餐一顿！"转念一想：听说八戒有点本事，我来试一试。他摇身一变，变成一个瘦老头儿，左手拿一件外衣，右手拿二两银子，蹲在路边哭泣。

八戒见一瘦老头儿在路边哭泣，忙问究竟。老头儿哭诉道："我给虎大王做饭，说好一年给我的工钱是 10 两银子和 1 件外衣。我干了 7 个月，虎大王说我不给他炖猪肉吃，不让我干了，给了我 2 两银子 1 件外衣。我穿这么好的外衣有什么用？你给我算算这件外衣值多少钱，我好把它卖了，买只肥猪回去给虎大王炖肉吃。"

八戒一听"炖猪肉"，不禁猪毛倒立，脖子后面凉飕飕的。他心想：我少管些闲事，化些斋饭充饥要紧。八戒忙说："我不会算，请您另请高明。”

谁知老头儿一把拉着八戒不放：“我在这儿等了半天，才遇到了你。你一定要给我算出来！”老头儿手劲挺大，八戒还真的动不了。

“倒霉！”八戒没办法，只好硬着头皮给他算，“虎大王一年应给你 10 两银子，你干了 7 个月，才给你 2 两银子，显然少给你不少银子。至于说少给你多少嘛……有五六两吧。”

瘦老头儿嘿嘿一阵冷笑：“你这猪八戒原来是个笨家伙，我吃了你吧！”说完，瘦老头儿用手一抹脸，“嗷”的一声，变成一只斑斓的猛虎向八戒扑来。

“好家伙！”八戒急忙往旁边一闪，躲了过去。他抡起七齿钉耙和老虎精打在了一起，两个人你来我往打了足有一顿饭的工夫。八戒大喊：“先停一停！如果你能算出来这件外衣值多少两银子，我情愿让你炖着吃了。”

老虎精非常高兴，他笑哈哈地说：“这个容易。$10\times\frac{7}{12}$是应给的银子两数，结果只给了 2 两，少给了（$10\times\frac{7}{12}-2$）两银子，而外衣则多给了$\frac{5}{12}$件，照这样计算，外衣要卖（$10\times\frac{7}{12}-2$）$\div\frac{5}{12}=9.2$（两）银子，才能与原来的工钱相等。

你拿命来吧！”老虎说着又要动武。

八戒手一指，大声叫道：“好啊！我大师兄孙悟空来啦！”老虎精一回头，八戒抡起钉耙猛一耙，向老虎精砸去。

悟空闻声赶到，见老虎精已死，拍拍八戒说：“不错，师弟聪明多啦！”

名师在线

向数学家请教

17 世纪中叶，法国贵族公子梅累和朋友掷骰子，各押 32 个金币。双方约定，如果梅累先掷出三次 6 点，或者朋友先掷出三次 4 点，就算赢了对方。游戏进行了一段时间，梅累已经两次掷出 6 点，朋友已经一次掷出 4 点，这时梅累突然接到任务，游戏只好中断了。这就碰到一个问题：两个人应该怎样分这 64 个金币才算合理呢?

朋友说，他要再碰上两次 4 点，或梅累要再碰上一次 6 点就算赢，所以梅累分 64 个金币的 $\frac{2}{3}$ ，自己分 64 个金币的 $\frac{1}{3}$ 。

梅累争辩说，不对，即使下一次朋友掷出了 4 点，他还可以得金币的 $\frac{1}{2}$ ，即 32 个金币；再加上下一次还有一半希望得 16 个金币，所以他应该分 64 个金币的 $\frac{3}{4}$，朋友只能分 64 个金币的 $\frac{1}{4}$ 。两人到底谁说得对呢?

梅累为这个问题苦恼好久，最后他不得不向法国数学家帕斯卡请教，请求他帮助做出公正的裁判。

帕斯卡是 17 世纪有名的“神童”数学家，可是梅累提出的问题，却把他难住了。他苦苦思索了近三年，到 1654 年才算有了点眉目，于是写信给他的好友费马，两人讨论后取得了一致的意见：梅累的分法是对的。

八戒被劫

八戒路过一个大果园，见无人看管就溜了进去。园里种了许多桃树，树上结满了沉甸甸的大桃子。八戒可高兴了，脱下外衣铺在地上，专挑大的桃子摘，包了一大包，背起来就走。

“站住！”突然有人大喊一声，吓了八戒一大跳。他四下寻找，发现是当地的土地神。土地神指着八戒喊道：“大胆猪八戒，竟敢白日做贼！还不快快把赃物放下！”

八戒赔着笑脸说：“我说土地神，我们师徒四人有两天没吃东西了，我就摘几个桃子孝敬师父，请高抬贵手让我过去吧！”

“不成，桃子不能拿走！”土地神把头一歪，丝毫不让步。

八戒眼珠一转，一本正经地说：“这样吧！这包桃子分给你一部分，然后你让我过去。你要知道我师兄孙悟空可不是好惹的！”

一听“孙悟空”三个字，土地神全身一震。他改口说：“这样吧，咱们是‘见一面分一半’。”说完土地神就把包袱打开，你一个我一个分了起来，最后正好分成相等的两份。

土地神说：“咱俩分得一样多可不成，我要从你那堆里拿一个。”说完飞快地从八戒堆里拿来一个放到自己的堆里，然后摆摆手叫八戒过去。

八戒背起包袱心里暗骂：“可恶的土地神，贪得无厌，一人一半还嫌少！”

八戒背着包没走几步又被山神拦住了。山神把包袱中的桃子分成相等的两份，最后又从八戒那份中挑了一个大桃子放到自己的堆里。

接着八戒又被风神、火神、龙王用同样的办法要走了桃子。

已经看到师父了，八戒一摸包里，只剩下一个桃子啦！怎么办？他一跺脚说：“剩下一个桃子怎么向师父交代，干脆我把它吃了吧！”

八戒张开大嘴刚要咬桃子，只听有人喊道：“慢着！”他一愣，心想：又来什么神仙了？定睛一看，是孙悟空站在他身边。

八戒赶紧解释说：“我原来摘了一大包桃子，路遇5位神仙，大部分桃子都给他们要走啦！”

八戒把前后经过说了一遍，悟空两眼一瞪说：“可恶的神仙，他们各要了多少？我去找他们算账！”八戒摇摇头说：“原来有多少，他们每人拿多少，我都不知道，反正最后只剩了1个。”

悟空说：“用反推法来算，龙王、火神、风神、山神、土地神依次拿了3个、6个、12个、24个、48个。我饶不了他们！”说完纵身飞去。